孝 子

谢露莹

说来也怪，身体一直硬朗的妈病了。

他挺忙的，造纸厂这几年办得不错，为了工作方便他索性搬进了厂里，但是就算再忙一个月还是会回几次家陪陪妈，人家都赞他是个孝子，能干又孝顺。碰上人家夸他，他每次都笑着说："妈辛辛苦苦养我这么大，赚了钱不孝顺她，那我拼死拼活的有啥意思？"妈平常一个人在家，种点菜，干点杂活，以前还时不时去云水河边和街坊邻里唠唠嗑，日子过得倒也挺滋润。

那好好的咋就病了呢？

他正纳闷着，"总是向你索取，却不曾说谢谢你……"手机响了，是厂里的师傅打来的。"领导，厂里那些污水还是和以前一样处理是吧？咱啥时也考虑引入些污水处理机器吧……嗯，机器的确是笔大开销，而且请技术人员也不便宜，但从宏观来看……咱们回头再商量商量吧……那您今天回厂里看看吧。"他又何尝没有想过引入机器呢？只是，这成本着实太高，而且最近环保局也是睁一只眼闭一只眼的，唉……再说吧。连着几天在病床前照顾妈，一日三餐都是她爱吃的，自己却随便对付过去，还得上下跑各种科室拿一堆报告，累得够呛。但只要是为妈好，做儿子的再苦再累都是值得的！

既然师傅都来电话了，那还是得回厂里巡一圈，几天没去，指不定有什么事呢。他顶着重重的黑眼圈，把妈交代给护士，叮嘱几声就走了。在病房待了好几天，也没怎么好好休息。他开着车从医院侧门出来，映入眼帘的就是云水河。

车里太闷，他把车窗摇下来，瞥了一眼外头，才反应过来——这几年都没有好好看过这云水河了。

河边杨柳本该是发亮的嫩绿，如今却被车辆扬起的尘土拭了几分姿色；人行道上的碎石子路也有些破损，小石子挣脱了水泥的束缚，不知去哪逍遥快活了，空留些突兀的小坑；还有那云水河里流动着的，像乌云磨成粉，加点浓稠的黑色液体，搅拌搅拌就是一锅散发着"香味"的汤汁儿，上面还点缀着些醒目的白色垃圾；水面漂浮的死鱼紧盯着云水河畔成片的厂房和办公楼，用眼神拷问着那些象征着繁荣的水泥怪兽。

云水河老了。

他踩下油门，想要逃离恶臭的包围圈。车子越来越快，在崭新的柏油路上飞驰，思绪竟不知不觉驶回了过去……

那时他还小，每次上学经过云水河，总要念一遍横幅上的字——"云水河，咱的母亲河！"，念对了妈还有奖励呢。说她是"母亲河"呀，那可一点儿没错！这云水河绕小镇一圈，缓缓地淌着，像母亲温柔地把孩子环在臂弯里，好生护着。她不知养育了几代人，这镇上哪个不是她的孩子？

打小他就住在云水河边了。那时还没有洗衣机，主妇们都到河边来洗衣服，妈也和她们一起，有说有笑的；那时一到夏天，爸提了西瓜回来，他就拎着桶往外跑，不一会儿便把桶装满了清冽的河水带回来，然后把西瓜放在水里泡一泡，洗一洗，吃起来是别样的冰凉、清甜，就是这丝丝甜意串起了他美好的童年；还有啊，那河水总是透亮透亮的，像白云融在里头，柔柔的，他和小伙伴放学后第一时间就是跑到河边去看小鱼、玩水……

究竟是为什么云水河变成了如今这个样子？

以前，云水河像一位宽厚的母亲，滋养着小镇和它的百姓；现在，她的孩子一个个开起了工厂，当起了负责人，都飞黄腾达了，把小镇的经济搞了上去，百姓的生活也好起来了，只是——孩子们的"孝敬"，她无福消受——他们的母亲河，老了。

到了。他下车走进厂里，"总是向你索取，却不曾说谢谢你……"医生来的电话。医生的声音从手机里传来："您母亲的最终检查结果出来了。报告显示她吃的东西不卫生，从中检测出有毒性的化学物质，有可能是居住地附近的水源受到了污染……"

污染？医生话音未落，他突然看见厂里蒸煮木浆产生的黑液正缓缓注入母亲河的身体……

〔东莞市光正实验学校高二（1）班，指导老师：高海燕〕

生命之源

杨丽桦

什么是水？

水，是生命之源，她孕育了万物，使地球这个有生命的星球充满了活力；她滋养了生命，使世界的一切生物生机盎然；她哺育了世界，是一切生命生存的重要资源。

地球，因为有水才美丽，才变得如此可爱。因为有水，花儿才会娇艳；因为有水，树木才能长得郁郁葱葱；因为有水，小草才能茁壮成长。人类的生存和发展也离不开水。水还是大自然的"空调器"，炎热的夏天，正当人们感到酷暑难耐时，来一场雨该有多痛快呀！走在黄河边，微风习习，酷热烦躁的情绪一扫而光；当寒冷的冬季到来时，河水把储存的热量源源不断地送给它周围的陆地……在日常生活中，我们还用水洗衣服、做饭、喂养牲畜……生活处处离不开水，可知水在生命中的重要性。

如今，我国正面临淡水资源缺乏的情况，全世界也是如此。所以水资源透支令人担忧，生命之源满足了万物的需求，她对人类无私执着地付出，但是人类却毫无节制浪费宝贵的水资源。

我国属于世界第一人口大国，地广物博。所有生物所消耗的水资源也就可

Shui De Yun Lei

水的眼泪

2017年东莞市优秀环保作品选编

东莞市环境保护局 —— 编

南方出版传媒
花城出版社
中国·广州

图书在版编目（ＣＩＰ）数据

水的眼泪 ：2017年东莞市优秀环保作品选编 ／ 东莞
市环境保护局编. -- 广州 ：花城出版社，2017.11
ISBN 978-7-5360-8509-1

Ⅰ．①水… Ⅱ．①东… Ⅲ．①环境保护－文集 Ⅳ.
①X-53

中国版本图书馆CIP数据核字(2017)第271012号

出 版 人：詹秀敏
责任编辑：欧阳蘅　李珊珊
技术编辑：凌春梅
装帧设计：

书　　　名　水的眼泪
　　　　　　SHUI DE YANLEI
出版发行　花城出版社
　　　　　　（广州市环市东路水荫路11 号）
经　　销　全国新华书店
印　　刷　广东新华印刷有限公司
　　　　　　（广东省佛山市南海区盐步河东中心路23 号）
开　　本　787 毫米×1092 毫米　16 开
印　　张　20.25　　1 插页
字　　数　200,000 字
版　　次　2017 年11 月第1 版　2017 年11 月第1 次印刷
定　　价　70.00 元

如发现印装质量问题，请直接与印刷厂联系调换。
购书热线：020－37604658　37602954
花城出版社网站：http://www.fcph.com.cn

主办单位：东莞市环境保护局

承办单位：东莞市创建国家生态文明建设示范市领导小组办公室
　　　　　东莞市环保宣传教育中心

顾　　问：蒋亚军　潘朝明　邓柏松　胡海洋

主　　编：香杰新

编　　委：熊国柱　李　娴　刘莎莎　孙海涛

执行主编：刘　丹

编　　辑：叶俊杰　叶凯欣　李卓莹　李汉榆

目录

做一滴映出太阳光辉的水

目录

CONTENTS

水精灵的悲哀

目录

序一　感恩地球，感恩生命

香杰新

一

我曾经在两年前出版的一部海洋环保题材童话书里，用上面的题目，写过下面的文字：

> 我猛然惊醒，却停留在海洋的世界里不能自拔。比比、美美，还有村主任、老鬼、壮壮、胖胖、贝贝，他们那么熟悉，却已经离去。我的心为他们每一个遭遇拧成一团，眼角噙着一滴泪水。
>
> 眼前，沙滩完全变样，砾石狰狞，杂草丛生，海水混浊，海面漂浮着各种各样的垃圾；远处，冒起一股股或黄或黑的烟，流淌着一股股又黑又臭的废水……
>
> 我在脑海中艰难搜索着残存的美好记忆——蔚蓝的天空、广袤的海洋、清澈的海水、雪白的沙滩——这可是大自然对我们的馈赠，百千年来，滋润万物，福泽生灵。我们人类，由此得以世代繁育，生生不息。
>
> 感恩地球，感恩生命。

可是，不知何时起，地球母亲已变得满目疮痍——臭氧层穿洞，物种灭失，草原退化，森林被毁。曾经被认为取之不尽、用之不竭的海洋，也日益遭受着过度索取。难怪，鱼儿也愤怒了！

皮之不存，毛将焉附？我们只有一个地球。收住践踏自然之脚，停住过度索取之手，善待地球万物，珍惜我们的家园吧。

我用力擦去眼角的泪水——但愿，但愿不要让地球只剩下一滴水的时候，竟是我们自己的眼泪！

回想当年，写作这些文字的时候，心绪时而轻松欢畅，时而惊心动魄，时而郁闷忧虑，甚至几度无语凝噎，笔端异常凝重，这一切，皆因故事中这帮可爱小主角的遭遇和经历。而仅仅700多天后，当我手捧着一大沓沉甸甸的书稿——一大叠为着故土家园水晏河清而思考、疾呼、践行的书稿，阅读着其中饱含着深情的文字，我不能自已，心绪再一次激荡起来。

二

石龙，又邑之一会也。其地千荔树，千亩潮蔗，橘柚蕉柑如之。""东莞峡山西（彭峡之西）多居人，荔枝林郁蓊蔽日，有高楼二十余座。下（舟）贩酥醪花果之属者，交错水上，称水市焉。"（明末清初屈大均《广东新语》

（东莞）有蕉荔桔柚之饶，亦为东南诸邑之冠"。（乾隆《广州府志·东莞图说》）

西涌镇的景色是醉人的。墟市连结着村庄，一河两岸，静悠悠的流水在中间流过。河中的小艇字穿梭如织，河岸的行人熙来攘往，斜阳淡照，暖风轻拂，繁盛又幽雅的水乡画境，生动地铺在人们的眼前。""耸立在河边的，一棵巨大刚劲的木棉树，挂满含苞欲放的花蕾；村子周围，沿着河岸的、小园子里的、屋墙地上的、零星四散的荔枝树、龙眼树、番石榴树、芭蕉树、木瓜树，都将近开花了，仿佛使人闻到香喷喷的花果味，这预示着春天就要到来。而早开的桃花，却好像告诉人们，它已经呼吸着春气。"（陈残云《香飘四季》）

每每读到这些文字，孩提时家乡的一草一木便跃然脑海。红火的荔枝、沉甸甸的芭蕉、阡陌交错的稻田、风雨中抢收的身影、踏着夕阳暮归的老牛，还有扑面而来的淳朴乡风乡情，历久而弥新，欲拒而愈发沉重。这就是我们生长的热土，魂牵梦绕远望当归。而随着工业化推进，这片土地创造了一个又一个发展奇迹，为世人所瞩目，为世界所惊叹，但同时，它又背负了环境沉疴。作为生于斯长于斯的莞邑人，我们有幸亲身经历了并将继续经历着这片热土的发展与变迁，在为其取得巨大成就而感到无比自豪的同时，我们也经常深感迷茫，迷茫于故土那个青山绿水的记忆悄然消逝，迷茫于仿如蜜甜的古朴乡情日渐难寻。

身为多年的环保工作者，我们深刻感受到所面临生态环境问题的严峻，明白到环境可持续发展对于人类生存的极端重要，每每深究其中时，我们便想，如果大家都有着敬畏自然和谐协同的行为习惯，那么，一切肯定都会大不一样。特别是那种从小培养起来的环境意识，从我们日常生活中养成的行为习惯，会深深地植根于我们的骨子里，烙印在我们的心灵中，假以时日，必将会出现真正尊重自然、敬畏自然、自觉践行绿色生活的一代又一代的新公民。也惟其如此，我们的绿色梦想才会得以实现。

三

1962 年，美国海洋生物学家蕾切尔·卡逊写了一本书，名叫《寂静的春天》。这本书以寓言开头，向我们描绘了一个美丽村庄的突变，并从陆地到海洋、从海洋到天空全方位地揭示了化学农药的危害。这本书既贯穿着严谨求实的科学理性精神，又充溢着敬畏生命的人文情怀，不但引发了全球范围内公众对环境问题的注意，还促进了"人类环境宣言"的签署，因而成为开启世界环境保护运动的奠基之作。由此我们可以看出，许多时候，优秀文学作品对人心的教化胜过严苛的法律。在雾霾笼罩、污水横流，青山难觅、乡愁渐行渐远的当下，我们如何以文学作品特别是优秀文学作品，去有效地引发市民对生态环境保护和可持续发展这个全球议题的思考，及至为之自觉地、持之有效地践行，我们责无旁贷。

因此，便有了以"水——生命之源"为主题的2017年环保征文比赛。而让我们意想不到的是，短短两个月时间，竟然收到近5000篇来稿。写作者中，既有小有名气的名家，也有初露头角的文学新人，既有教师、公务员也有企业负责人、外来打工者，遍布各个领域各个行业；更有初生牛犊不怕虎、长江后浪推前浪的，遍布全市各个中小学的学生。作品当中，不乏思想性、文学性和可读性俱佳者，更多的则是对家乡热土的无限热爱和深情。于是，也便有了评委们精彩的点评语，以下摘录二三：

> 作者以略带忧伤的笔调，将目光聚焦在一个生活于底层的河道清洁工阿仲身上，他为了一家老小的生计，更为了让河道变得清洁，让东江恢复澄净，默默坚守了十几年。作者既是书写阿仲充满辛酸的一生，同时也是借阿仲这个小人物的生活轨迹、命运浮沉，来反映一条河流的命运。作品充满了人文主义关怀，更暗含了对环境污染现实的批判。（袁有江《打捞工阿仲》）

> 作者深情地回望了老家一片野湖相关的水事，小小的野湖，承载了作者的童年和很多欢乐时光，反映出在良好的水生态环境下人和水的和谐美好关系；野湖的干涸，也暗示出了工业化进程中对水源的破坏。作品情境优美，饱含情感。（沈汉炎《野湖水事》）

一篇另类的散文，全文文言文创作，以水的眼光、心理观世，洞悉人的生活，看人类的发展变化，引出振聋发聩的一问：吾乃水，乃生命之源，吾命将休矣，惜水乎？语言流畅，句法规范，表述自然，读后无生涩之感，论述有理有据，情感冷静客观。（邓语桐《水问》）

四

习近平总书记曾经指出，城镇建设要体现尊重自然、顺应自然、天人合一的理念，要留得住青山绿水，记得住乡愁。"望得见山，看得见水，记得住乡愁"曾成为全国两会期间代表委员们热议的话题。如果说，我们这座小城的主政者们发起的水污染治理"遭遇战"、"攻坚战"和"歼灭战"，可谓高瞻远瞩、运筹帷幄、千秋伟业，而我们这五千位写作者默默写下的这些文字，则是对"留得住青山绿水，记得住乡愁"、对建设美丽家园一个很好的具体的践行。因而，从5000份来稿中，我们优中选优并且也忍痛割爱，将其中100篇作品汇集付梓，我想，这些文字虽然不是灵丹妙药，不会让我们这片热土沉疴顿愈，但是读罢掩卷，我们不得不重新思考人与人、人与自然、保护与发展、乡愁与未来，我们更会对这片热土充满期许、燃起激情、身体力行。

地球只有一个，人类只有地球。

地球一隅的莞邑小城，正以坚定的步伐托起一个绿色的大梦想。

（香杰新，本书编写组主编，现任东莞市环境保护局副局长、环境监察分局局长，广东省作家协会会员）

序二　水的眼泪

撰稿者：姚天予　演讲者：邹若岚

　　奔腾不息的黄河长江，孕育了千年未绝的华夏文明；神圣古老的恒河，添上了古印度历史的妆容；迂回蜿蜒的尼罗河，赋予古埃及历史的荣光。水，流淌成了时光，见证斗转星移，岁月沧桑；水，编织成了历史，从大河文明，到工业时代，陪伴人类步步成长。

　　在中国的南方，有一条江，启迪先民的智慧，灌溉广袤的土地，形成四季如春的美景，孕育独具一格的文化。东江，与东莞一起，沐浴改革的春风，引领新世纪的航标，谱写独一无二的时代华章！

　　这是最好的时代，也是最坏的时代。工业化的车轮滚滚向前，为我们带来经济的繁荣、多彩的生活；但同时也带来了拔地而起的烟囱，沿江而立的工厂。我们的生命之源——水，为人类的发展付出巨大的代价。清脆动听的欢唱变成痛苦无奈的呻吟；清澈透亮的水流变成乌黑浑浊的液体；散发泥土芳香的气息变成让人闻而远之的恶臭！水，在哭泣，然而它晶莹的泪珠在滚滚而来的废水大潮中是那么渺小，那么微不足道。沉浸在利益世界中的人类，又怎能静下心来去听听水的哭泣？又怎能擦亮眼睛去找找看看水的泪光？

　　东莞这座美丽的城市地属南方丰水区，水资源相对丰富。"缺水"这词似乎从来与东莞绝缘。可是，东莞的用水量排全省第一，但人均占有的水资源百分比却十分低，东莞是本地水资源严重缺乏的城市。为什么会这样呢？水质！因为水质！相关的实地考察告诉我们：东莞市境内大部分的河涌的水质不能供用，大部分用水依赖东江，造成供水量单一。水能载舟亦能覆舟，你瞧，莞城的运河水污染让我们痛心疾首，你看，松木山水库出现大面积死鱼的现象让我们不堪回首，你听，许多镇区的河涌正在集体哭泣！流水载物，古人早就知晓，然其所为，也只是泛舟履波，而现代人想让所有的垃圾和排泄物都搭上这趟免费公交车！水，终于盛不下了，载不动了，气喘吁吁，奄奄岌岌。

如今，我们欣喜地看到，近年来，我市在城市开发中，充分利用海、江、山、田等的自然神韵进行城市建设，圈定了水源保护区，把水景引入城市，依山势进行建筑布局，增加城市动感，构筑"山水东莞"的神韵，在打造山水城市时，重点抓好"四还工程"，还绿于民、还靓于民、还水于民、还气于民。2016 年，中共中央办公厅、国务院办公厅印发了《关于全面推行河长制的意见》，这一切都让我们看到了蓝天白云、潺潺流水能重归故里的希望。东莞，这座城市正试图并且很努力地要在经济发展与环境保护之间找到一条平衡之路，努力为后世留下金山银山，也留下绿水青山。

"逝者如斯"，若不逝，孔子怀里的表如何走动？"曲水流觞"，若无流潺载杯，我们何处寻觅人生的朦胧诗意？王开岭在《古典之觞》中说："江之污，即心性之污；河之腐，即时代之腐；流之枯，即精神之枯！"莫让水的灵魂再被侵害，莫让人类之心被利欲所熏，让我们携起手来，保护水资源，让"无边落木萧萧下，不尽长江滚滚来"的壮阔重现人世，让"孤鹜与落霞齐飞，秋水共长天一色"的景致重返人间，让青山不改，绿水长流，让东莞拥有更美好的明天，让人类拥有更美好的将来！

（姚天予，东莞市第六中学学生；邹若岚，东莞市第六中学学生，曾获得广东省环保演讲比赛第一名）

做一滴映出太阳光辉的水

打捞工阿仲

袁有江

　　一段不到一公里的河道，连接的是东江和运河。其间主要经过莞城老街振华路段，沿途散布着的房舍大都是老街店铺、旧宅等建筑。古风色调的房屋、青苔爬过的楼墙，衬以上百年、数十年不等的老榕、玉兰和芒果、龙眼等树。即使是炎炎盛夏，河道上阴翳蔽日，树荫连着树荫，一片凉爽之气。每当走在河道边，我总会慢下脚步。沉浸于树荫的庇护，流连于老街的沧桑，感怀时光在这里刻下的种种痕迹。繁华的气息已然不再，留下的只是老街今日的萧条和幽静。于我，于喜欢安静的人们，却是再好不过的去处。

　　我时常想，如果倒退二十年、三十年，这样缓缓流淌的河道，这样古朴而清寂的旧城街风貌，当是一阙小桥流水、枯藤老树似的小令，更如嵌于闹市之边、别有洞天的农家乐园。然，我不能——或者说，是时光的不可回转，更是河道无法往复。原因在于，今日之河道，与往昔之河道，已然天壤之别、昔非今比。

　　而我时常于清晨走到这里，既为久居城市鲜有的安静，亦为河道上那个摇曳的身影。我和其他熟识他的人一样，唤他阿仲。"阿仲，咁早返工（上班）""阿仲，食佐早餐未"。这多是本地阿婆阿公对他的问候。"阿仲，上来抽支烟。""阿仲，中午去你家喝两杯。"这多是我和寄居于此的外地朋友对他的招呼。那时，阿仲往往还在河道之上、树荫之间穿梭、忙碌。虽然阿仲五十好几，年龄上大我差不多一轮，但还是不让我叫他仲叔，而喜欢我叫他阿仲。

忘记告诉你的是，清理河道的漂浮物、垃圾等就是他主要的工作。每听到招呼，偶尔，一个半秃的脑袋就会从厚密的树枝间探出憨傻的笑脸：早晨，依噶忙哽（早上好，现在正忙着呢）。随之而来的是他那咧开的大嘴和被烟垢染黄的牙齿。树叶拨开之际，时有浓郁的腥臭味飘来。令我后退几步，作捂鼻摇头欲呕状。虽有几分故作姿态、夸张之嫌，但终是难以忍受那股异味。招呼完毕，我即前往早餐店用餐或去老街溜达，阿仲则继续摇着他的小船，埋首打捞河道上的漂浮物，却难见其身影——那沿河的树木委实是茂密至极。只能想象着他站在小船的腹部，将绑有网兜的竹捞伸向河面，不厌其烦地将树叶、塑料袋、瓶子、泡沫碎片等物一一打捞进船上的竹筐。每每我归来，阿仲还在忙碌，或打捞，或将打捞的脏物端上码头，或拨开浓密的枝叶慢慢划行。偶尔，也能见他小憩于河道边的凉亭。或看打牌、喝茶的阿公阿婆，或听一群妇人的家长里短。多数时候，他则点一支红双喜烟，做吞云吐雾深思状。他思考什么呢，难以揣摩。

河道虽短，但要在流动的水面之上尤其是浓密的树枝间穿梭、打捞，其实并非易事。一边要保持船儿的稳定和自身的安稳，一边还要注意随时阻挡过来的枝叶并打捞起漂浮物，这不是三五日能练就的功夫。"哎，干这活十多年了。"某次与他闲聊，我探得他打捞工的工龄。听他那口气，应是早已起腻，却为生计又不得不干下去。这个时候，他原本满口的本地白话也因我这个外地的朋友而变得一嘴白话和普通话混杂。这当然是他的真诚与憨厚之处，白话顺口，于我却往往云里雾里。因此，他选择的是自己的改变。正如他选择这份看似简单实则让人生厌的工作，亦是不得已而为之。虽有土著的身份，却是一家老小艰难求活于世。他没有技术，更无学历，原本以在东江打鱼为生，今却无以为继——除了政策的不许，亦有今日之东江天翻之变，江里鱼倒是不少，那鱼岂有往日之鲜、之肥、之净？而更让他难受的是内心处对现实变化的难以接受与面对。往日生活多艰辛，可谓风雨飘摇，然则衣能遮体、食能果腹。清贫之外多的是生活的恬淡和纯净，月明风清，水亮天蓝，那也是世外桃源般的享受。细说起来，这份工还是社区对他的怜悯，十六年前正式交付于他。摇摆、往复之间，一晃青丝变白头。

而即便再多的留恋、不舍甚至谩骂、痛恨，于他，又能若何？时代在变，工业要兴起，经济要发展，大势所趋耳。更上有白发苍苍老母，下有嗷嗷待哺之弱儿。正如我等离乡背井之浪子，亦属无奈之举。

河道边的凉亭聚集者大多是或退休或无事可做的本地老者，带小孩的、清闲的妇人。因为经济的发展，振华街往日的繁华带动，富裕起来后的人们多以饮茶、打牌娱乐消遣。每到上午九点左右，人们准时来到这里，品茶，"搓麻"，聊天……其乐融融，好不热闹。虽时有河水的异味袭来，却也每日定点围坐于此，不聚不欢，不晚不散。当然，热闹是他们的，阿仲多是旁观。虽是旁观、凑热闹，但阿仲还是喜欢这里。这个点也是阿仲上午下班的时间，家中黄脸婆爱唠叨，孩子念学住校，下班的阿仲常选择留在河道边。除了偶尔加入到老者们之间，凝视、观看自己清理过的河道，是阿仲最喜欢做的事。他维护的水域短短不足千米，却每日都能从河道里捞出数百斤重的污物。这些漂浮的脏物，以往多是工业垃圾，如今政府加强了环保，现多以生活垃圾为主。说到底，还是人们的环保意识不强，加上临近热闹至极的细村市场，周边各色人等鱼龙混杂。很多人为图方便随意乱扔弃物、倒置倾泻生活垃圾和污水。很多时候阿仲也无奈，毕竟每个人的素质不一，又都是邻里街坊，他不好一一去指责、规劝。

"看自己清理过后的河道，也蛮有意思的。"阿仲曾经这样对我说。虽未有他那样的切身打捞体验，但我也有过类似感受，即一个人辛劳过后欣赏自己劳动成果的那种愉悦和满足。更何况，阿仲做的还是环保公益类的工作。"河道清理干净了，我心里也好过些了。"他说这话，可能不知晓他的人还不太能完全理解。我想阿仲自己可能也没有完全表述清楚他所要表达的意思。因为在他的心中，一直藏着的是几十年前河流、河道：天高云淡之下，清波荡漾，时而鱼儿跃出水面，时而白色浪花打上船舷。

那天，我过去的时候，阿仲正在抽烟。一圈圈的烟雾绕着他敦实也矮小的身体，徐徐散开。从树叶的缝隙里落下的光斑时而映照在他身上。阿仲蹲坐如石，双眼如炬般凝视着眼前舒缓流过的河水。他丝毫也未察觉我的到来，直到我也点烟，打火机扑哧一声响才让他回过神来。"来了。"阿仲淡淡一声招呼，屁股随即挪了挪，让开一块地，要我坐。

天气预报显示，不日将连降暴雨，市里防洪部门也发布了黄色暴雨预警。我估摸着阿仲是在担心未来几日的大雨。对他人而言，暴雨欲来只需要做好平常的防范即可，但他不是。我知道六年前，因为一场台风带来的连续数日的狂风暴雨，阿仲差点死在这段河道。那段往事阿仲其实只字未对我提过，是一次在他家喝酒，爱唠叨的阿仲嫂埋怨丈夫没本事之际无意中说起。台风到后，很多树木连根拔起，折断的树枝、打碎的玻璃、四处纷飞的杂物……可谓遍地狼藉。而肆虐的台风雨不仅让河道暴涨，更为厉害的是许多的生活垃圾、废物堵塞了河道与东江连接处的闸口。迅猛上涨的河水眼看就要漫过河阶……呼啸的台风之中，阿仲不顾家人、邻居和工友的阻拦，救生服也没穿就跳到河道闸口边的水泥护墙，在工友的帮助下，用手一点点抠、捞。而然水流速过快，淤积的杂物也越来越多。上面的浮物倒还好说，沉积于河道底部的堵塞物阿仲却不得不潜水打捞。筋疲力尽之际，浮出水面的阿仲早已站立不稳，疾速打来的水流将他重重撞到水泥墙上……

"很多事情回不去的，眼看着就老了。也好，明年等我儿子上完大学参加工作，或许我就可以'下岗'啰。"阿仲把烟头掐灭，说。"退休后打算做些什么呢？"我问。问完才发现这问题其实很弱智。

……

"还真没想过要干什么。"好一阵沉默，阿仲才回答，"无非就是守在这里啰，我没啥本事，又没做生意的头脑。不过也没什么了，孩子大了，每天到河边走一走看一看就蛮不错啊。"

我一时间无语。生活中有的人就是这般淡然、知足。当然，也唯有淡然和知足的人才能守住寂寞和清贫，正如阿仲守着这段河道。这是他的河道，或许，也是他的精神寄托吧。

"啪"——我为阿仲又点燃一支烟。"这两天要下大雨，你又要忙了吧"。

"谁说不是呢，等一会我还要通知大家做好暴雨防范措施，尤其是不能乱丢杂物，否则河道很有可能又会被堵死。"

……

望着阿仲消失的背影，我起身回家。回去的路还是来时的路：略显混浊的河水缓缓流淌，树荫蔽日，历经时光和风雨洗礼的路面光滑，两侧的老墙灰白而斑驳……这是我每天都要走的路，也是阿仲要走的路。如果不是河道上散发的异味，以及人群混杂而居的街面乱象，我一度会认为这是我最理想的居所。而对阿仲来说，不管是坚守还是离职，河道所承载的远非工作与不工作那么简单。假以时日，或许，这里，离他内心处消失已久的家园，将越来越近。

水上漂来的小镇

张成华

    远处是茫茫的水域，早晨的阳光像碎金一样在湖面上跳跃、欢腾，折射出迷幻而恍惚的镜像。

    白色的水流沿着船尾的尖角叉开，翻滚着、奔腾着，向两边涌去，激起一波波的水浪，迅疾消散、弥合，复归于平静。船头的机器啸叫着，迸发出巨大的力量，将湖的胸口生硬地犁开一条道路。此时，我正坐在一艘小型的机动船上，在五月的迷蒙和氤氲中，穿越华阳湖，抵达绿树掩映、风筝飘荡的对岸。

    极目四望，岸上开阔的湿地上，种植着成片成片的香蕉林，宽大的绿叶下，藏着一挂挂青涩的果实。沿岸种植的美人蕉花朵正艳，脸色绯红，偎着弯弯曲曲的湖岸逶迤而去。高大的水杉扎根于水中，葱茏的倒影叠满了水面，在水波中荡漾。青翠的芦苇在微风中轻轻摇曳，拥挤着，肆意繁衍、生长。一群群野鸭和白鹭在岸边的浅水处玩耍和觅食，大多数时候，它们安静地游泳，悠闲地看着天光和云影。偶尔，会有几只淘气的小精灵，相互追逐，扑腾起阵阵水花；或者忽地展翅低飞，掠过水面，将漂亮的倩影投映到明镜上……

    我想起泰戈尔老人的话：上岸之前，我们是陌生人；来到你的岸上，我是你的宾客；离开你的岸，我们是朋友。也许你不会相信，这样浓郁、清丽的水乡风情，竟然隐藏在号称是"世界工厂""制造业之都"的东莞市麻涌镇。听麻涌的朋友介绍，这片华阳湖水域是中华龙舟大赛的指定航道，水质清澈，水深六七米，波澜不惊，适宜龙舟竞渡。我居住在东莞也有八年了，在钢铁、车流和水泥森林之外，第一次认识了它温情、柔软的一面。这是属于水性的慈爱和明净，有母性的体温和父爱的博大，为我们的生存和精神提供了另一种美学生态。

逐水而居，择木而栖，是自古至今人类争取生存与发展一直遵循的基本规则。岭南小镇麻涌，就是从远古的洪水中漂来的一片树叶。近千年以前，浩瀚的海水退去，留下了一片肥沃的滩涂和沙洲，形成了陆地和河涌交错相间的珠江三角洲河网地带，麻涌和相邻的其他小镇从水中站立起来，有一些四海为家的疍民、从中原和梅岭迁徙而来的先民，以及周边的贫苦农民在沙洲上拍围立村，散居在各条围的基堤上，种植香蕉、水稻、甘蔗等农作物，开始了定居的生活。在南宋 1140 年，麻涌立村，历经 800 来年的潮涨潮落，岁月更替，逐渐发展成为一颗璀璨的岭南水乡明珠。

随时光之水漂来麻涌的，不仅有以打鱼为生、击水而歌（咸水歌）的疍民，还有一支逐水流南下平定两广的水师——那是朱元璋麾下廖永忠率领的得胜军。1366 年，朱元璋与陈友谅在鄱阳湖决一死战，朱最终获胜，除掉了强大的竞争对手。廖永忠因鄱阳湖之战战功卓著，朱元璋以漆牌书"功超群将，智迈雄师"赏赐给他。1368 年，廖永忠率军平定闽中诸郡之后，随即被授为征南将军，以朱亮祖为副将，由海路攻取广东。廖永忠事先写信给东莞人元左丞何真，对他晓以利害。何真马上奉书请降。廖永忠至东莞，何真率领属官出迎。四海太平之后，明太祖朱元璋为安抚年老有功又无家可归的军士，让他们在广东沿海一带划地而居，屯田垦土，以解决其终身生活，称之为"军屯"。1368年，便有"十五屯"派驻原番禺属地安家立户。其中军城（今麻二村）以董、叶两姓占二屯，称为董叶乡。大步村以张、郭、王、宁、赵、蔡、彭七姓，兵头率部分坊而居，七个屯。东村一个屯。从一个水乡到另一个水乡，从旖旎、富裕的江南到蛮荒之地的岭南，只有五湖四海相通的水将他们哺育、浇灌。这些江南的子弟兵，世世代代，就在岭南大地落脚生根，垦荒屯田，开枝散叶，繁衍生息，创造出了可以与江南相媲美的水乡风情画卷。在麻涌，我意外地碰到了张氏宗祠，摸着古旧的墙壁和门前虬曲的大树，就好像摸到了一粒姓氏的种子在岁月里生根，发芽，茁壮成长。不远处，江面上升起袅袅的水雾，弥漫在空中。我的右手握紧了拳头，伸出食指，在自己的左手掌心上，一笔一画地写了一个世袭的"张"字。这些来自朱元璋的故乡安徽的张氏先祖们，跟随大军跋江涉水，鏖战岭南，最后有幸在异乡安居乐业，种蕉捕鱼，劳作之余北望故土，喝一杯烧酒，以缓解心中驱之不去的浓浓乡愁。"你看我们多么幸福/幸福到又聚在一起了"，对于我这位寄居东莞的江南郎峰张氏的后裔来说，这一切，冥冥之中似乎是天意。

随水漂来的先民们，在这片肥沃的土地上，在涛声之上，筑基刨坑，堆垅戽泥，几百年来唱着劳动的歌谣，日出而作，日落而息，种蕉插稻，结网捕鱼，打捞着一条河流奔流不息的梦想，喂养着一尾尾男欢女爱的红鲤鱼。

水乡麻涌，源源不断的流水还漂过东江纵队的枪声和凯旋的歌谣，漂过梅花似雪的清香和琅琅的书声，漂过阳光、月光和咸涩的盐分……上善若水，是水赐予了麻涌这一切的繁华和荣耀，隐忍与明丽。每一丝细小的波纹跳动着亘古不变的音符，每一阵粼粼的水波展开了沧海桑田的嬗变。东江水在此汇入狮子洋，奔流入海，形成了密密麻麻的河涌，冲积起肥沃的平原，再加上亚热带季风气候捎来充足的日照、丰富的热量、湿润的气候和丰沛的雨量，让位于东江入海口的麻涌尽享福祉，成为享誉岭南大地的"鱼米之乡"。

水里有肥美的鱼虾，田地里有丰茂的水稻、甘蔗和香蕉。其中，麻涌的香蕉种植历史悠久，最为著名。相传早于宋末元初已有种植，且风味独特，熟时皮薄金黄，食之果糖若饴，松滑甘香。1958 年，麻涌区以土专家曾巨炜培植高产香蕉成绩显著，荣获国务院颁发本区新基农业生产合作社香蕉高产奖状。并派村干部李美全上北京开会，受到周总理亲切接见。而最令麻涌人兴奋不已的是，李美全回来告诉乡亲们，麻涌香蕉高产奖状是周恩来总理亲笔签发亲手颁授的，周恩来总理还亲口夸奖麻涌香蕉"产量高，味道好"。这是何等的荣耀啊？

吃一口麻涌香蕉，我的心也甜滋滋的。这是一条大河的乳汁滋养的梦想，这是一抔沃土托举的朴素愿望。麻涌的水波笑了，荡开一圈一圈幸福的涟漪，一个缀着一个，一个叠着一个，铺满了所有的水面。

这里的所有水路都通往大海。麻涌人生于水，长于水，与水成了形影不离、汗血相融的亲人。慈爱而奔流的水养育了一批批弄潮好手、浪里白条。麻涌沿着这条水路激流勇进，斩获了"游泳之乡"的称号，自立村以来，麻涌人充分利用水乡"处处是天然游泳场"的优势，从娃娃抓起，从小教会小孩游泳、潜水，以尽快成为水乡的新主人。新中国成立后，游泳是国家重点训练项目之一，也是学校体育运动的课程。学校组织男女子游泳队进行训练，社区每年举办游泳比赛，并建有规范的游泳池多个，进行正规训练，使游泳运动进一步发展。麻涌的游泳健儿在各级各类的比赛中，多取得优异成绩。曾获全国、全军、亚洲以至世界比赛第一、第二名的健儿有林建新、吴志前、胡景海、吴影月（女）、曾美桃（女）、陈伟康、刘宝莹（女）、陈燕军（女）、彭创力等，有些项目甚至破世界纪录。这是水的恩赐，水的胜利，水的骄傲！麻涌就是水的儿女。

从水上漂来的，还有力争上游的龙舟。麻涌是广东省著名的"龙舟之乡"，历年来收获了国际、国家级多项赛事的冠军。端午前后，雨水像懂得人们的心思，绵绵密密地下了好几天，东江河涨满了水。只要锣声一敲，《招魂曲》一唱，随着"我哥回"的声声呼唤，四乡八邻的人们便聚集到了东江两岸和华阳湖边。牛皮鼓面震颤的声音跃过黑压压的人头，飘过水面，消失在众人的喧嚣和河流的涛声中。随着鼓点，麻涌的汉子们甩开膀子，喊着"嘿哟嘿哟"的号子，整齐划一地奋力划桨，溅起阵阵激烈的水花。"如果鼓声是龙的心跳/那几十支桨该是龙的脚吧/鼓，越敲越响/心，越跳越急/脚，点着水/越走越快越轻盈/而岸上小小的心呵/便也一个个咚咚咚咚地/一起一落/一起一落/爸爸们/请牵牢你们孩子的小手/说不定什么时间/他们当中有人/会随着龙的一声呼啸腾空而起。"台湾诗人非马的一首铿锵有力、异想天开的诗歌《看划龙船》，将我的思绪和想象牵引到了龙舟竞渡的热闹现场。历史总是充满了种种巧合。就在前几天，2014 年中华龙舟大赛第三站比赛在我的故乡鄱阳湖的烟雨中鸣金收兵，东莞麻涌队（廖永忠水师的后裔们挥师北上，回到了祖先曾经战斗过的波涛之中）在这场没有硝烟的战争中，三站两夺冠军宝座，浪遏飞舟，笑立潮头。

争渡！争渡！众人呐喊，万桨齐发，"麻涌号"龙舟像大明水师射出去的利箭，扬起一片片闪烁、晶亮的水花，惊起的不仅仅是惊艳和欢笑，还有一种同心协力、激流勇进，吃苦耐劳、奋发向前，遵守纪律、听从指挥，胜者不骄、败者不馁的龙舟精神。

湖上的风，吹来了庆功酒的醇香和欢笑。白鹭停在远处的树枝上，静静地看着这群狂欢的人。夕照中，整个湖面披上了金色的霓裳。我俯身，掬起一捧水，水流从指缝间匆匆滑下。我似乎听到了它们的歌唱，有旧爱，也有新欢。

在东莞，水声将我舒展（组诗）

蒋志武

同沙水库，水这么美

肺叶被掏了出来，在同沙水库
新的一天健壮，并吐出了言辞
激情的青草，骚动在夏季里
鱼，就要跃出水面，偷看人间

这么美，这么一尘不染
蓝天的影子适合在这里素描
同沙水库，她横在你面前
就像白云在天空里，树叶在阳光中
这么玲珑，这么剔透，这么清净

你很难想像，水安静地躺在这里

它们孕育着更多的水

而更多的水将救活更多的人

更多的水安静地聚在一起

就是一门哲学

在东宝河听海鸟哭泣

东宝河，河底的石头旋转着

其间浸透着黑色，可以点燃泥土

漂浮物一路高歌涌向珠江口

这些水，看起来可以永远走下去

海鸟，像是东宝河的祭司

它，扑腾着翅膀，闭合着干燥的喉咙

东宝河，表面一片冷艳

我不知道对它该采取什么态度

但我热切需要一枚橘黄色的果浆在其中

蓬勃水域

鸟和鱼，是我死去的兄弟姐妹

在东宝河，它们没有坟墓

只有大海和天空

我想告诉一个用心倾听的人

如果你有空，就去长安的东宝河

听听海鸟的哭声

在东莞，水声将我舒展

机器，进步的噪声
在东莞，机器的乡愁中有着模糊的面孔
我的语言，已然像空中模糊的声响

十多年，已衰老
我的记忆，透明如一丝光线
仿佛寒溪河中的沙子，在流水中
刻下自己的名字

没有什么比水更优秀，在东莞
过去与现时的日子对我来说足够
我生活的全部由水及它清洗的物件组成
如果没有更多的向往
在东莞，可以听清净的自来水声
生活的实质就是拥有平常
那么，它所表现出来的形式就会高贵

更多的水走进黄昏

我们注定要活着
在黄昏转入黑夜的一瞬
时间再次扮演巫师的角色
骨头，包裹在肉身中

没有开放的花朵

顺着时光粗大的骨骼
月亮，从房屋的另一侧爬出
在东莞虎门，水返回了它的巢穴
但并没有虚构一场洪水
今夜，痛苦抵达的彼岸花草茂盛
鱼群跳跃

黄昏，每个人都在寻找自己的秩序
并用晚霞来擦亮他们内心的镜子
我们注定要活着，在大地打开的深处
一只坠落的鸟将鸣唱哀歌
我并不孤独，在开放的黄昏里
水并不空寂，那滚滚而去的波浪

厚良治水

汪雪英

　　村庄的东面田野中间，有一条大圳，大圳里的水，来自村后的高山环绕的沟壑汇聚一路流经过来，水流绕了几道弯，流向了山脚下最近的左边一个村庄，就进了大圳，而大圳一路奔袭到了厚良所在的村庄。这大圳里的水，清澈见底，清凉而又有些微的甘甜，喝下去，还有些许回味，那可是真正的山泉水，原汁原味，令城里的矿泉水为之汗颜。从这个村庄跳出农门的县城人，每次周末返村，都不忘稍带一二桶山泉水带回城。

　　这水，是由村后几里路远的群山里的原始次森林积下的地下水汇集而来的，绕着几个村庄流到这里的，这附近几个村庄的人家，都是用后山上的水，饮用、灌溉，这水真好，清甜可口，还冬暖夏凉。冬天，这水是热的，夏天，这水是冰凉的，附近几个村庄的人家，都是挑这里流出来的水喝。那哗啦啦的流水声，日复一日地流过村庄，像唱歌一样动听。可一旦遇上雨季，或是暴雨天，山上的水就会奔流而下，大圳里就会有满圳的水，咆哮着、汹涌着，碰撞声拍打着两岸，气势凶猛地一路流向下游，呼啸远去，一路向北，进入下游的运河。但天旱时，水不够用了，这水就会被上游的村庄挡住，圳里的水就见底了，甚至干涸了。我们的田里要灌溉，要放水，就得到上游去挖开坝口，分一些水下来，甚至日夜奋战在那里看着这些水不被人全挡了去。

可是，水能载舟，亦能覆舟。雨季，运河涨水的时候，从上游的高山汇聚而来，狂舞着、怒吼着继续向前，那气势，犹如黄河奔涌。那时候，大圳里的水，就流得有些缓慢，以致水就一路漫上田野，冲毁庄稼，甚至流入家园，淤泥也漫进家门。

大圳的水流至中段，在一座小山坡旁边，要拐个弯，而后一路向北，这拐弯的地方，恰好有个小村庄，小村庄里的人，是从下面的大村庄分流过去的，大村庄里的人，见山坡平整，有些人家就把房屋建在这里了，而建房的人家多了，就形成了一个新的小村庄。小村庄建在山坡上，地势比大村庄还高，就是发再大的水，也淹不进家来，可是，这个拐角处，有一户人家，就在大圳边上，水灾来时，他家首当其冲要遭灾。有时候，可能是冲走一头猪，有时候，或许是一只鸡，甚至路过这里的孩子也会掉进水里被冲出几百米远。幸运的可以捞上来，不幸运的，就随水而逝了。有时候，会冲走一些家里的动植物。

水边的人家，懂得水性能参与救援，那是何等的重要。偶尔会听到运河水，把附近村庄的一个孩子掉下去被大水卷走。

这家的主人，叫汪厚良，在家排行老五，中等个头，20世纪80年代上过初中，会做泥工活。年轻时也是一个帅气男，四十八岁，之前一直在外打工，现在回乡务农，在家里给庄户人家建房子做泥水匠，这手艺现在很吃香，苦是苦点，累是累点，但收入还可以，赚的是挥大汗的辛苦钱。农村人，什么样的苦不能吃呢？而这圳里的水，虽说淹不到他的家，可是，家门前的大圳老是堤岸路基滑坡，因为是泥坯墙，靠一些茅草野草灌木支撑，一发大水，这些树有可能连根拔起，自然，滑坡就很正常了。可是，虽然家家门前都受到政府恩泽，都通了水泥路，偏偏厚良家门前的路没钱修，因为，他们这一块，有几户人家，都是从另一条路经过，那条路，是一条主干道，通往这个小村庄，而他家门前的路，是通往田野干活的人行道，只有他家住在最前面，大圳这条人行道在他家旁边，离他家最近，出行走这条路于厚良家，是最方便的，偏偏村里上面拨下来的钱不够，这些钱修了小村庄的主干路，就没钱帮他家在门前单独修一条路了。可偏偏他家门前有这条大圳，而这大圳，恰巧又正在拐弯处，大家都知道，拐弯处的水，是流得慢，但撞击声是最大的，哗啦哗啦的水声，在大门前呼啸着，晚上听着，怪可怕的。

这条路是现成的，一直都存在于厚良家门前。以前拖个板车，是可以的，但天长日久，有的堤岸路面就弄坏了，有的地方塌陷了，路就窄了，而这条路，又是大村庄和小村庄通向田野的路，是农家去稻田里施肥、收割回来的必经路。这条路也必须有。而厚良走主干道出村，也实在是不太方便，这条路更适合他家出行。大圳的堤岸本来应是一条宽宽的路，可这是泥路，一发大水，泥路上就会漫上水来，撞击圳内的路基。而如果大圳的路基被冲垮，厚良家的房屋也会受一些水患的影响。厚良想，要是我把这水治好了，于公于私，都是利。于是，厚良下大决心准备移山治水。必须要在自己这一代，全面解决水患。

路小而又长，推土机来不了，挖机自然也进不来，要把路修好，才能引入这些机械设备，再说，厚良也没钱请这些机械设备。

于是，为了有效治水，他设计了一个行之有效的方案，一步步推进工程进度。先是从屋前的山坡上挖些红土，把山坡挖成平地，既填了路，也让房屋空间增大几倍，再把这些红土用板车拉到大圳堤岸，把岸面的路加宽加固，铺上石块，一层黄泥夹着一层石块铺好。一年下来，堤面踩得平平整整，成了一条大路。三年下来，堤面加宽了几倍，大圳修得更宽更深了，他在大圳两边堤岸的路基打桩，砌石块，石块缝里用水泥糊上了，砌成两面坚固的墙壁，中间架设一座桥，由于两面成梯形，一面高，一面矮，厚良屋前这一面的堤岸高，对面的堤岸要低一些，成了上高下低，两岸不是同样平整的堤面，他为了协调两岸水平线，就在屋前左边，把两岸修成个菱形，铺上钢筋水泥，建成一座可以拖着板车，也可以开着小汽车通行的水泥桥，硬是把一条大圳两岸的堤岸路面整得结结实实。

无论是早晨、上午下午还是傍晚，我只要路过此处，都能见到厚良在山坡上抡起大锄，一锄一锄地挖土，而后再一揪揪地铲到板车里，拖到堤岸边上去铺路。夏日，他光着膀子抡大锤，晒得一身古铜色肤质，在太阳底下，皮肤闪闪发亮。小雨天，他带着斗笠在挥锄，无论是冬日的数九寒天，还是夏日的三伏天，只要得闲，他就在忙活。平常，他还要忙活一家人的生计。厚良是泥水匠，经常要去别人家打墙基建房子呢，对于砌墙铺路这样的事，自然是难不倒他。

有一次，我和父亲经过大圳边上。我们父女有了一次对话。我说："爸，我现在特别佩服厚良，他把家门前的大圳和山坡整治得好好的，房屋的余地宽阔多了。路修好了，水也治理了，方便了他自家，也方便了我们大家。我父亲却说："你不知道，厚良真是能吃苦，这三年，他只做这么一件事：移山修堤治水。三年如一日地坚持呢！"

这些天，厚良的治水工程，进入了关键期，我看着他在大圳底下打桩、下柱，装模，把钢筋横跨在大圳两岸，硬是把隔开的两岸连了起来，底下有两个水泥大墩做柱子，再在钢筋上面铺上水泥，一座钢筋混凝土水泥桥就建起来了。这些事，都是他一个人完成的。偶尔，儿子也帮他一把一起挖土方。厚良平时话少，每天埋头苦干，从不怨天，也不尤人。而我惊喜地发现，这三年来，他的治水工程到了今天已经初见成效，加宽加深了圳道，整好了堤岸路基。这个雨季，就在我写这个稿子的这些天，天天大暴雨，虽然大圳里的水，也是满满的，但在这个他家门前的拐弯处，不再像以前那般缓慢。现在，无论多大的水从上游肆虐而来，这里的水，也不再漫上岸来。这里不漫，疏通了大圳，自然下游也一路通畅。

我家的田，一块在他家屋的右边，一块在他家屋前的不远处，我们经常去巡查田里是否要放水，或是去田里打农药，都路过这条大圳旁。我记得，在离他家不远的一块田野边的大圳上，我家种了辣椒、茄子、豆角、冬瓜、西瓜、矮豆角，如果碰上大水灾，这些，都会连土带瓜果以及藤蔓，一同被大圳里冲上来的大水给卷走。

前年，我种下花生的第二天，就开始发大水，大水持续了两天，大水上了堤岸，进了蔬菜地里，连土带花生种子一同被冲走了，被卷到了田里去了，而我家蔬菜地的对岸是邻居家的蔬菜地，她家的辣椒地，满树都是辣椒，一串串的，进水了，之后太阳一晒没几天，辣椒叶掉了，苗枯了，辣椒掉了一地，辣椒苗死了一半，而这些长势喜人的红薯藤，却被这场大水连土带薯藤冲进了大圳，流到向北的运河去了，我家有好几年的五月，一到雨季就是这样，一季的瓜果蔬菜，种得绿绿的，最后一场暴雨，就将它们冲得无影无踪，让人感觉既无奈，又哭笑不得。农民，很多时候，都是靠天吃饭，可是今年不同，经过厚良三年来的圳道治理。我们家还有周边的人家种的蔬菜瓜果，都不会被水卷走了，水再满也不会漫上堤岸来了。这一点，我们其实要感激厚良，虽然，他看上去，也真的是在帮他自个家里做事，是扫门前雪，可是，他的这一举动，既利了他自己家，也方便了我们村庄里有田在这边的人家出行，也让我们在圳边上种的蔬菜瓜果无水患了，更安全了。

这三年下来，厚良黑了，也瘦了，但他的功绩也凸显出来了。他削平了一座山坡，修好了大圳，同时修出了一条几百米长的大路，并在家门前架起了一座桥。他说，等过段时间，家里经济再宽裕一点，他还要把整条路铺上混凝土。让自己出行更方便，让行人也不用踩在雨天的泥水里。他家的门前，因为旁边山坡的泥挖走了，更显得宽阔。同时，也让大圳两岸上百百亩的稻田免遭水患。

我经常见着他而真诚地竖起大拇指，我很诚挚地赞美，我说我很佩服你，三年来做就一件事——大圳治水，从不叫苦叫累，好像越做越来劲呢，你的这一举动，让我想起了大禹治水，还有愚公移山。大禹治水，虽说辛苦，三过家门而不入，但他那是责任使然，帝王家派的差事。至少他是公务，有工资的嘛！而你更像愚公。愚公把太行和王屋二山打通了，修桥铺路，让子子孙孙从此通向了山外的世界。可是，你厚良哥移山，那是解了政府的围，自己出力又掏钱，既修了桥，又铺了路，更重要的意义，就是治理了大圳的水患。让这些水，有效地更好地灌溉周边的农田，也让这些水，欢畅地流向运河，流向更远的远方，同时免除了两岸雨季的水患，也算功德一件。憨厚的厚良说："人家愚公移山，是想让子孙后代不再被大山阻隔。我移山，是为了治这大圳水，为免遭水灾，不想让我的下一代一遇暴雨天就寸步难行。"我说："你这不仅仅让你家的下一代不遭水患，也同时让我们这些稻田分在这里的人家有福了，这周边的以及下游的稻田，将更好地耕作，蔬果也更好地种植，其实，我们村庄这些人家稻谷的收成，也是有你的汗水和一份功绩呢。"

厚良听到我这样夸他，便不再说什么，只是憨憨地笑。这笑里，有欣慰，也有一些被人点赞的羞涩。

劈山引水之梦

周齐林

在东莞厚街新围和大迳交界处有这样一个地方，每天中午和黄昏时分，这里总会排着一条长长的队伍。再细看，会发现每个人手上都提着一两个水桶。一抬头，就能看见不远处有几个水龙头正流淌出一股股清泉。取水的人都是附近的村民和工业区的务工人员，也有不少人专门为取水而来，小轿车停靠于一旁，惹来不少人关注。

这里的水到底是什么水？能引来如此多的人慕名而来。

细问之下，才发现这股清泉甘流之下隐藏着一个感人的故事，而这个故事的主人公便是现任厚街新围村村长李福明。

2006 年的一天，李福明年近九旬的父亲忽然对他说，要是能把大岭山上的水引下来就好了，也算是做了一件大好事。父亲的这句话传到李福明耳里，他不禁十分重视起来。作为老一辈人的父亲有一颗赤子之心，这一点让李福明十分敬佩。躺在床上，辗转思索之下，李福明觉得父亲的这个想法十分好。因工业用水的污染，村里地下水的水质已经发生了很大变化，如果能从海拔 500 多米的大岭山上引来缕缕清泉，这一定是人人称赞、人人叫好的事情。

说干就干，但很快李福明就遇到了资金上的困难。起初李福明以为自费劈山引水下来，前后只要二三十万就足够了，但真实情况比他想象的要艰难很多。山泉在山的另一边，要向把水引流下山，他们必须翻越山巅，抵达山的另一边之后，才能看见从山的石缝里汩汩流淌而出的清泉。劈山引水必须凿沟铺管，凿一条长长的直通山的那一边的人工沟壑本身就是一个巨大的工程，山上巨石众多，一不小心挖到巨石就有十分大的生命危险。从村里到山的那一边，蛇一般弯曲蔓延的山路，前后加起来差不多有 6000 多米的距离。这六千多米不仅需要铺 PE 管还需要浇灌水泥以保持其稳固性，更需要大量的人工开凿沟壑。

面对巨大的资金缺口，李福明有些犯难和胆怯了。后来，一咬牙，为了解决资金上的困难，李福明一咬牙卖掉了一台大巴，换来了八十万。为了让工人们花费更多的时间在山上凿沟开山，李福明白天和工友们一起上山开凿，到了临近午饭时分，他便独自一人下山把饭菜运上来。等工人们吃饱后，他再把餐具运下去。有时工人们想吃糖水，李福明见了，十分爽朗地应承下来，然后又独自一人跑下山去买糖水。上山下山可是一个体力活，海拔 500 多米的大岭山，一上一下，李福明早已气喘吁吁。

为了能早日完工，早日了却父亲的心愿，早日让父亲以及父老乡亲喝上大岭山之巅的清澈之泉，李福明带领着工人住在了山顶。大岭山海拔 500 多米，到了晚上异常寒冷，李福明和工友们一人抱着两床被子住在山上的茶床上。大岭山上有许多茶床，李福明记得自己年幼上山采摘茶叶时，便曾裹着几床被子在山顶上住过好几夜。

经过大半年的埋头苦干，风里来雨里去，李福明终于迎来了泉水贯通的这一天。这一天正好是大年三十，当身旁响起噼里啪啦的过大年的鞭炮声之时，李福明还在为劈山引水的事情忙碌着。山泉沿着管道自山顶奔流而下，最终流淌到山脚下，流淌到村民面前。他匆匆跑下山，把父亲从房间里推出来，告诉他水已经通了的消息。那一刻，李福明看见父亲笑了。他把一碗清凉澄澈的山泉端到父亲面前，父亲接住，缓缓喝下，一抹笑容迅速在他沟壑纵横的脸上荡漾开来。

劈山引水成功了，李福明很是欣慰。那么大岭山之巅的山泉水质到底如何，带着这个问题，李福明带着自己苦心从山峦之巅引下来的泉水去市相关质检部门进行检测。一段时间的等待之后，李福明就得到了检测结果，大岭山之巅的泉水已经达到了国家一级饮用水的标准，检测结果让检测专家都赞叹不已。为了得到更权威的检测，李福明还花了一万多块钱把山泉带到香港去检测。检测的结果同样让质检部门的人感到十分惊讶，各种指标数都十分靠前，专家们感慨很多年没见到过这么好的水了。

海逸豪庭地处厚街横岗湖畔，李嘉诚是海逸豪庭的老板，隔三岔五会过来呆住几天。每次过来，李嘉诚都会让工作人员带进口水过来。新围村有几个村民在海逸豪庭做保姆厨师，见李嘉诚随从人员带过来的水也不过如此，便开口介绍道，我们村里从大岭山上引下来的甘泉比你这个好多了。起初李嘉诚还不相信，听保姆、厨师几次推荐，便让他们带几瓶过来试试。次日保姆、厨师带过来一试，果然，李嘉诚赞赏不已。

如此一来，慕名而来取水的人更加络绎不绝。李福明劈山引水为的就是了却年迈父亲的心愿，为的就是让生活工业区之中的父老乡亲们喝上干净清凉的山泉。花费上百万元引下来的山泉，李福明一直是免费提供的。当劈山引水成功的那一刹那，许多人都担心李福明会收费时，李福明便开口承诺绝不会收费。山泉源源不断地从山顶的石头缝里流淌而下，既不会对森林造成不利影响，还能造福桑梓，这种事情无异于一箭双雕、一举两得。

2008 年，新围村重新进行选举，在广大村民的呼唤推荐之下，李福明被举荐为村里的村主任。之所以举荐他，看重的就是他一心为村民做事的心。李福明见乡亲们如此热心，便也一口应承下来。

2009 年年底，李福明年逾九旬的父亲一脸安详地离开了人世。父亲走得从容满足而又放心。然而站在山脚下，望着哗哗流淌的山泉，李福明眼前又呈现出父亲的音容笑貌，那么生动、那么安详。他觉得父亲还在，父亲化作了山峦之间的点滴清泉，滋润浇灌着每个人的心田。

　　一人引水，万人受惠；一人义举，百人跟随。2006 年到如今，李福明免费供水十年了，他说他还会一如既往地做下去，为村里的父老乡亲做更多的好事情。

呼呼呼呼……

洋羊张

写下"呼呼呼呼……"这几个象声字时，小雪不能确定它们是否最能代表那个声音，她曾在同学圈征集过那声音的文字表达，同学们踊跃帮她找出很多，如"哒哒哒哒……""哗哗哗哗……""嗞嗞嗞嗞……""噗噗噗噗……"等，那声音便是高压水枪喷出的水连续不断冲在硬质地面上发出的声音。

1.

春节前一个下午，小雪拖着拉杆箱刚进小区大门，就被突如其来连续不断刺耳的"呼呼呼呼……"声响吓了一跳，小雪循声望去，认得是两位专搞清洁的老魏老王夫妇正拉着高压水枪冲洗道路呢，一位正拿着水枪在前面认真地冲，一位等在后面移动管线和水车，小雪朝他们挥挥手，算是打了招呼。

小雪的家地处莞城环境幽静的黄旗山脚下，小区业主委员会投票选定的物业管理公司是某上市地产公司旗下的子公司，以管理规范、服务至诚、精益求精著称，在本地是出了名的尽心尽责，他们把小区打理得干净整洁生机盎然绿树成荫、霓虹闪烁和谐自然幸福宜居，业主们也因此乐于按时按期交清每月不菲的物管费用。高三第一学期的小雪考完最后一个美术自主招生院校回家时已临春节，这不，大门口已摆满了茼花和寓意"大吉大利"的盆栽年橘，彩灯高挂大红的对联写着各种祝福语，好不喜庆！那"呼呼呼呼……"的高压水枪声正是物业公司每年例牌的小区清洗道路环节。

小雪一边往家走一边低头感觉着好像哪儿不对劲时，与从屋子里拿着把扫帚急匆匆走出来的母亲撞了个正着，母亲一愣，见是小雪，并没有像以往那样接过宝贝女儿的行李，却说："雪，你先进屋，我马上回来。"小雪老远回家，没想到母亲如此怠慢自己，反而站在那儿不动。母亲朝冲洗地的两人摆摆手，示意他们停下："老王，给你把扫帚，你在前面刷、老魏在后面冲水，两人要配合才快，才不会费那么多水。"只负责在后面移拖管线和水车的老王很不情愿地接过扫帚、却站在那里一脸茫然。只见平时优雅婉约的母亲这时毫不犹豫地挽起裤腿、拿着扫帚对提水枪的老魏说："你冲水，我刷！"，母亲边讲边反复示范、全然不顾冬季里水管中的凉水溅湿了自己的棉靴。小雪站在那一会儿，总算看明白了，原来板结在地面上的尘土经扫帚一刷、高压水一冲很快干净，老魏先前只是一个人提着水枪对着地面附着的尘土傻乎乎反复地冲，耗时费水不说，还冲不干净，母亲的方法事半功倍。老王学起母亲的动作，嘴里嘟嚷着："没让我干这，我只负责跟在后面移管线和水车的……"可是，因为母亲平时常常把网购包装用的纸皮囤积了送给他们去换零花钱，甚至还帮过老魏生病的母亲募捐过医药费，老王虽嘟嚷却还是用上了母亲教的方法，显然，他们清洗地面快多了，一刻没停地往前移动。

小雪刚才不对劲的感觉好了许多，她冲着母亲笑笑，做了个"非常 6 + 1"里李咏常做的"我爱你"手势。母亲这才回过神来，搂着小雪回屋，让宝贝女儿快快分享在外每个学校自主招生考试的情况，小雪叽叽喳喳讲到晚饭灯起，父亲下班回家还没停下嘴。

父亲下班回家，从母女俩脸上洋溢的笑容来看就知道小雪专业考得不错，稍一激动再加上多日不见女儿，父亲竟开了瓶红酒邀妻女同饮，边饮边语：

"呼尔同饮美酒，得意须尽欢颜，天生我才是吾儿，等到明年捷报来！"于是，母亲和小雪一切尽在不言中，乐呵呵举杯同饮。

酒过三巡，一向温婉贤淑的母亲却催父亲快吃，说饭后有事请教。父亲学问高深，上知天文、下知地理，是公用事务局的总工程师，他爱妻出名，只再饮了一口红酒便急问母亲何事？母女同心，小雪猜是下午小区冲洗地面之事，果不其然，母亲便把小区用高压水枪清洗地面一事告诉父亲，并说那事想起来总觉得不对劲，小雪轻声附和，也说看到后就是觉得不对劲。

本是一场预庆祝家宴，却在母亲话题转换后气氛变得严肃，父亲听母亲讲完后甚至有点生气："这个老魏，上次他母亲生病，捐款倡议书里写着他们是广西凤山人，因喀斯特地貌常年缺水粮食歉收导致家中贫寒……。如今手握高压水枪任水冲洒却眼睛不眨、腿不打寒颤；这个物业，什么专业公司，一帮混账安排的什么混账活！"

父亲骂完，趁着一点酒性，跟母女俩极其认真地讲："你们知道我们东莞是一个严重缺水的城市吗？人人都知道东江、华阳湖、松山湖，人人都知道水乡，都以为河涌密布、湖泊多，可是有多少人知道我们的水资源供给单一、供水安全率低、结构性水质性缺水？有多少人知道我们是被列入人均水资源低于国际用水紧张线的城市？"

一向内敛的父亲有点收不住嘴："日常不注意，日后吃大亏！你们知道'天水'和'广水'吗？'天水'得名，源于传说'天河注水'，说的是甘肃省东南部一个城市，境内渭河流长 280 公里，沿河接纳支流流域面积约 1000 平方公里，却严重缺水，市民经常为日常用水发愁，春夏分时供水、秋冬分段供水；'广水'说的是湖北省广水市境内虽有长江、淮河两大流域，狮河、损水、摄水三大水系，大小河流三百多条，却是地下水资源贫乏的'贫水区'……全中国、全世界太多缺水的例子，可是，我们身边平常到老魏这样的清洁工、业主，专业到国内知名的大公司，爱水节水护水意识真是太薄弱！太薄弱！唉……"一声叹息，父亲哑然，沉默片刻，对母亲说："你明天还是找些业主代表，去和物业说说，别那样冲洗地面了。"说完，神情有些忧伤。母女见状，互吐舌头，再不说话，却各有所思。

2.

春节过完没几天，像所有高考学子一样，小雪与父母道别后便要住校复习迎考，父母叮咛嘱咐祝愿之语不在文中熬笔。其实，考完各大院校自主招生后的小雪只要正常发挥，那心仪的名校、那心仪的专业必能如愿。

小雪从小冰雪聪明，小时候她留着一头长发，不用母亲帮忙，每天换着花样扎着跟电视上学来的辫子上学，什么麻花辫、藕节辫、小清新鱼骨辫、日系小碎花、高耸丸子头……那叫个美啊，美得让其他同学羡慕得口水洒落一地！

最神奇的是那年暑假，莞城室外酷暑难当，"知了""知了"叫得人心烦气躁，上班的父母只好让小雪一个人留在家里开着空调"避暑"，母亲隔天就翻箱倒柜找出小雪小时候玩的所有玩具，让小雪无聊时折腾折腾那些小东西以消磨时光。晚上母亲回家，迎接她的是摆放在门道两旁穿着各种花衣服花裙子的洋娃娃，一问才知是小雪翻出自己旧衣服，手工改做成各种款式给旧洋娃娃穿上的。母亲一数，小套装4套、公主裙4套，有条纹海魂衫配白短裤、T恤加吊带裤、萝莉蓬蓬连体装、印花抹胸裙、不对称斜肩裙，还有各种优雅的拖地礼服，原来是小雪找出家里的针线、剪刀、尺子，照着母亲订的那本《时装周刊》做的。母亲瞠目，再想想小雪之前随手涂鸦的绘画，兴奋得高呼："大师，大师啊！宝贝，你以后要成为什么样的人？"小雪喃喃自语："什么大师啊？我长大要给爸爸妈妈、老师同学和我自己做好多好多漂亮的衣服，还要画好多好多漂亮的娃娃，给她们也穿漂亮的衣服！"那一年，小雪8岁，不经意间有了长大后的目标。

打那以后，小雪便多了一个去处——艺绘堂，那是一所由资深专职老师开办的，不限年龄段的工笔、素描、色彩课外艺术兴趣学堂。此处郑重声明，去学堂上课完全没有跟风，也没人逼，是小雪兴趣所向。

有人说女神童在时间面前总会变得普通，而悟性极高的小雪一旦启程就没让人失望，从小学一直到高中阶段，小雪不仅学习名列前茅，参加的课外社团活动也成绩斐然：小到班级里的黑板报、学校舞蹈队的发饰服装，大到市里的各种绘画、艺术创意竞赛、省社团天才创意大赛……一路走来，小雪得奖无数，被封为学校的头号美才女。

在高三第一学期结束前，作为目标最明确的考生之一，小雪参加了清华大学美术学院、中国美术学院、苏州大学艺术学院等多所大学的独立自主招生专业考试，等文化课统考后，小雪就会在这些学校中选设计专业，且是自己最喜欢的服装设计方向。

3.

时光如梭，转眼便到了考生们既爱又恨的季节，灿烂与阴霾、晴空与霹雳、光芒与呆滞，在本就是孩儿脸的六月天里尽情演绎。这个季节是小雪收获的季节，果实累累，她可以放心地把果子放进自己喜欢的那只篮子里了。开通高考填报系统的第一天，小雪在 A 档栏点开了心仪的那所名校，瞟了一眼"艺术与设计学院—服装设计"后，却毅然决然，选择了"艺术与设计学院—景观设计"，并按下了确认键，然后她长长地吐了口气并哼起了自创的调调。

这个暑假，原本去意大利米兰看时装秀的行程，改去福建的福州、山东的青岛，再去珠海，她要在那几个城市多住时日，和特地请年假陪她的"专家"父亲一起去体验海绵城市如同蓄水、吸水、渗水、净水，需要时又是如何释放利用水的；她还计划去云南，看看那些滴灌技术下艳丽的玫瑰和各式各样清甜的瓜果；还计划……

一切计划完毕，这个暑假，小雪有点忙。

4.

突然，"呼呼呼呼……"那个不对劲的声音又响起，六月底，是小区例牌的年中清洗道路环节，那声音，吓坏了在树上悠闲捉虫的蜂鸟，惊得它们把一坨坨臭屎撒落到了刚清洗好的道路上，也吓坏了停在树荫里纳凉的蝉，惊得它们从这树杈飞到那树杈，它们拼命地叫着"知了""知了"，六月天，艳阳高照，"知了"的声却有些许凄冷。

后记

小雪母亲春节后递交的《业主代表换届提名申请书》得到了小区本届业主委员会的批准，她已准备好了条文清晰、理论实用性均详的述职材料。

在"专家"父亲的指导下，母亲的《普通花园改建为雨水花园倡议书》已提交给业主委员和物业公司，期待中看又中用的花园住起来惬意、舒心，也期待蓄水井的水与"呼呼呼呼……"声配曲。

在"专家"父亲讲缺水案例后，小雪偷偷研究了自己心仪大学的学科专业配置，发现艺术设计有两个方向，一是服装设计方向，另一个则是景观设计方向，小雪最终放弃自己个人的小爱选择了后者。因为换了专业方向，小雪暑假还计划恶补相关知识。

洗澡小记

朱方方

第一次在海边生活，是那年六月随部队到沿海某军事基地驻训。宿营地就在海边上，不远处就是一望无际的大海，前面是沙滩，后面也是沙滩，没有树。太阳起得很早，五点多钟就从海上升起来，大且妩媚，像个娇羞的少女。眨眼的工夫，太阳已升在半空，像变成了泼辣的成年女子，红润润的柔光变得白灿灿的，泼在人身上，辣辣地生疼。到八九点钟时，太阳好似泼辣女子嫁了人，一副泼妇模样，愈发地凶起来，白花花的日光毫不留情地射在人身上。再到正午时候，泼妇干脆变成悍妇，且泼且悍，晒得人晕头转向，找不着北。

如果说白天还不能真正感受到太阳的厉害的话，那么到晚上躺在床上，就能感受得非常充分了。浑身上下酸痛不说，光是那火辣辣的疼就够人受的了，皮肉贴在被子上，像是被生生撕拉般难受，连睡梦里都有呻吟声。几天时间，胳膊上、脖颈上、手背上生出了亮晶晶的水泡，一个个探头探脑，圆滑饱满，煞是可爱，等破了皮就露出鲜红的嫩肉来。涂上防晒油，油光闪闪的，再加上整个人黑赤赤的，就跟非洲黑人没有两样了。晚上洗澡脱下衣服，就可以一目了然明白无误地分出哪儿是亚洲板块，哪儿是非洲板块了。

我们驻训的地方远离城镇村庄，生活用的淡水还是从几十公里外的县城拉来的，洗澡不用说就很困难了。所幸的是此前曾在这里驻训的部队，留下了一些深挖的水井，多少缓解了用水的艰难。就是那样，也不可掉以轻心。稍不小心，就只能腥臭裹身，难以成眠了。整日里在海滩上摸爬滚打，满身的泥沙和臭汗，又腥又臭又黏。一天劳累下来，能洗个澡是再好不过的事了。为此，战友们脑袋里的弦绷得紧紧的。吃晚饭时，一个个狼吞虎咽。吃了饭，战友们就三五成群地带着水桶、脸盆和换洗衣物，向有数的几口井进发，远远看去，井上已是热闹喧天了。

顾不得许多，三步并作两步跑到井边，占据有利地形，人不停手地拿过水桶，打上水来倒在脸盆里，兜头下去，那个温柔劲儿跟温柔的女友亲你一口没有两样。而后，擦上香皂揉搓，再接上一盆水冲洗干净。人不多的时候还可以再接上一盆"奢侈"一下。可惜这样的机会不多，就是有也不忍心，后面还有战友排队等着呢。洗好了澡，接上大半盆水，把换下的衣服洗了，衣服多半连泡沫都清不净。没办法，淡水贵如油啊！

等衣服也洗了，回到营区，把衣服晾好，就可以沐着凉下来的海风说说闲话，再不就闲卧听涛声，等熄了灯，就可以睡个好觉了。

当然并不是所有时候都那么幸运，且不说总也不能洗得畅快，就是稍晚一些慢一点，就要落于人后了。远远望见井边黑压压的，都是人，不是井干了就是一口黄汤，弄得满身黄沙，嘴里耳里都是。井少人多总有人洗不上。后来，不少战友宁可不吃饭也要先去洗澡。

洗澡问题始终是驻训期间的大问题，这是毋庸置疑的。虽然连队也想了不少办法，采取了一些措施，比如我们连队就挖过两口井，别的单位也有这样办的。井挖到四五丈才出水，水极黄又有臭味，用来洗衣服，白衬衣能洗成黄衬衣，洗澡又满身恶臭，而且出水少，不顶用，并不能从根本上解决问题。

以后回到驻地每次洗澡，总也忘不了那些日子的艰难，深感水之与人犹如母亲之与人类。没有它们，人何以存活?! 这样想了，心里就充满了感激。他日若是见了谁糟践水，必怒火充胸怒目相向，骂娘的心都有了。

太阳的曝晒，用水的紧张，再加上水土不服和训练强度的步步加大，不少战友患上了这样那样的疾病，其中尤以皮肤病为多。水泡那玩意儿就算不上了，人人都有，脱上两层皮，皮厚了黑了，自然也就不见了。而烂裆则是每个人都逃脱不了的，轻则红肿疼痛，行走困难；重则发炎溃烂，更有甚者只好卧床治疗。但只要是无大碍，就要参加各种高强度的训练，还要完成各项演习任务。每到此时，患处便火烧火燎地难耐。这些都与淡水稀缺，不能洗好澡有着莫大的关系。

等武装泅渡训练开始那就更惨了，裸了上身只穿短裤，一下海就是半天，上了岸又是太阳曝晒，没患皮肤病的也不能幸免了。如此下来，待训练结束人都瘦下一圈来，个个都"苗条"起来。

就是那样，战友们还是保持着高昂的士气，不仅坚持了下来，而且出色地完成了演习指挥部赋予的各种急难险重的任务。如此想来，饱受烈日之苦、洗澡之累和肤疾之痛的战士是多么不易，他们中小的只有十六七岁。几个月下来，在用水极困难的情况下，没有发生过因洗澡引起的打架事件，甚至吵嘴也罕见。这些父母眼里的孩子懂得了宽容忍让，粗而不俗，野而不蛮，使得这些皮肤黝黑、嗓子沙哑的士兵越发惹人爱了。

我想在这里补充一点：那时，我们极盼望下雨。下了雨，不仅能减轻曝晒的苦楚，还可以在雨地里洗个痛快澡，"享受"一下，若哪天见了乌云遮天，大家莫不翘首期盼。等雨一下来，你会看到帐篷外全是赤裸着身子洗澡的家伙，欢呼号此起彼伏，更有引吭高歌者，余者皆从，昂扬的大合唱会传出很远去。不过这样的时候不多。又若是天公不作美，澡洗到一半，云收雨歇，就苦了那些身上擦满香皂的战友，哭不得也笑不得。事实上，这样的情形我们倒碰上过几次。

野湖水事

沈汉炎

老家靠海，海是凶险的，我更愿意去村子附近的小河边玩。

这次回诏安老家，再回到野湖，如同情人久别重逢一般热切，然而，野湖的水已很浅，黑乎乎的。我无法像儿时夏天那样在湖水里肆意游戏，我只能一边走路，一边怅惘。这时候，清风明月，漫天星子陪你恍惚，一切都如梦一般。

小的时候，河水经过村子，在附近汇成了一个小小的湖，是我们玩耍的好去处，那片湖我们叫就它野湖。那时候，街道还保持古老的样子，地上的石板被磨得光光的，两边都是百年以上的民居，偶尔会出现一个杂货铺，有人骑着自行车在狭窄的巷子里穿行，消失在路灯找不到的地方。本地则人沉溺在随处可见的棋牌室和麻将馆里，嘈杂哄闹的声音从里面传出，透出蓬勃而堕落的声音……

不开心的时候，我在野湖边瞎转。百年的古槐树为浮嚣的后人撑起一方清凉，我喜欢在槐树下晃荡。夜色下的野湖还称得上可爱，河水在月光下铺着绸缎，闪亮着温情的气质，让人看着心神也润润的。以前，晴日里，妇人在湖边洗衣服，夜里，也洗她自己；有那调皮的女子，有小鱼来啄她的脚丫子，她会轻轻捧起小鱼，看它在阳光下闪烁；调皮时，她们用翠绿的荷叶做遮阳伞，青春美好。

早春的时候，乍暖犹寒，那些鲜艳的百花，大都还暂时按兵不动，在舞台翘望，等春风浩荡，才顺势提着彩裙登场，大鸣大放。而此时，负责暖场的就是一些名不见经传的小草小花，譬如二月兰。小鼻子小脸的，迎着那一点阳光，贴着泥土，驮一缕春风流淌得遍地都是，却也安安静静地，在沟洼里剪裁自己小小的花裙子。孤单而骄傲的小裙子。每到这时候，我们挎着小篮子，到野湖的沟渠边，轻轻叩响二月兰小小的柴门，乡村的野花才不矫情，愿意殷勤地奉献自己，恩宠一下我们这些贫户人家的小儿女。二月兰的花和嫩叶掺一点面，蒸了，是一味清鲜的菜肴。

到了夏天，奄奄一息瘦弱了一春天的河水得了盛夏的雨势，胖得简直歌唱了起来，把在中途泊起来的野湖也娇惯成了一片小规模的海。那时候，野湖两边的堤岸上还到处是绿得不行的老槐树，遍地阴凉。初夏的午后，太阳暖暖地洒下来，槐花的清香弥漫在空气里，铺天盖地的是一种醉人的馥郁。

有云有月有风有海潮的夜晚，月光轻纱飘逸，月影斑驳陆离，大地上的皮影戏情节跌宕起伏，光影与声色在大地上跳跃弥漫。此时，你总能听见各种声响，有如天籁。月影的手拂过木麻黄，清风摇曳，悲哀的木麻黄深密的枝叶中，自有明月别枝惊鹊；月影跳上鸡圈、鸭圈，自有几声软绵绵的困意十足的叽叽或嘎嘎；警觉的大耗子小耗子，常一声尖啸，夺路而逃，抱头鼠窜，一路芳草如鞭，轻轻甩响；月影若拍打了老黄狗，则乡野之夜自然会多一两声诗意十足的东犬西吠。

到了夜晚，野湖盛满清凉的月光，小时候的夏夜，我尚未出嫁的姐姐。喜欢在荷花池里洗出一身清香。我则抱紧姐姐的衣服，背对月光，为姐姐守望整个池塘的风吹草动。而姐姐手持一轮月亮，鬓角随意插几朵星光，撩动夜风，把荷花温柔地唤醒。她们开始在水中，轻轻讨论少女的馨香的梦。不知道说了句什么，迎着清风，荷花骄矜的青梗上，一朵朵朴素娉婷，一朵水荷轻掩红唇，在月光之下面颊羞红。

在村庄的夏夜里，我记得三三两两的少女，天真烂漫，美丽丰满，在池塘的夏夜里洗去一身疲倦。在草丛中匆匆忙忙，喜悦和羞涩，你推我扯，脱去浸着庄稼和汗香的衣裳，笑成一团。然后竖着手指压住笑声，嘘——，向四周悄悄拨弄草丛，拿眼睛细细观察河边的夜晚。忽而白光闪闪，扑通扑通跳进荷花之间。单身的月亮面色羞红，吩咐夜星严守天空。青蛙吓得默不作声。她们，村庄上朴实美好的女孩子，在水中安静却也肆无忌惮地嬉闹。笑声在夜里来来回回。村庄的二流子，往往在远远的月光下，如痴如醉。

野湖周边，即是大片丰腴多汁的土地，一年四季，总有最适宜耕种的墒情。村人对于河水附近土地的爱惜和感激，无以言喻，是未曾长久躬身于地的人永远也无法想象的。以前，每到收获季节，村中家族里的老人，率领众多的子孙，虔诚地向水神跪祭，感谢其对庄稼和人畜的滋润，并祈愿来年仍然风调雨顺。水神大约也没有疏忽过，故村子里人们生活得简单、狭隘，却也还自足、平和。花开花落。许多年过去了。

可是，自从上游开办了一些化工纸厂，水就黑得像奸人的心。大约过不了几年，野湖就会彻底消失了吧。

云霓之望

何　佳

　　我的爷爷是一辈子都扎根在水田里的农民，当混杂着泥土的水流湍急地冲进田里，水纹浅浅浮动时，爷爷就俯下身用缚秧苗的稻草在水田上横扫几下，才一动一停极有节奏地将手中的秧苗插进去。他头上有时戴的是斗笠，有时戴的是草帽，在水田里一向是半躬着身子，弯到一定的弧度就好像再弯不下去，卷着衣袖的手臂尽力往田里伸，好像是要给水田一个拥抱，这时候的水田像一面没有擦干净的镜子，映照出爷爷黝黑又认真的脸庞。

　　我暑假回来，总是要跟他们一起下田插秧，跟着爷爷双腿膝盖以下都浸在水里，一天下来两条腿是又累又酸，还害怕被水蛭咬，但爷爷从水田里挑着担子出来反而神清气爽，一看就是满足的样子。也有不知在想什么的时候——有时也会看着这一片新鲜插好的绿油油的秧苗发愣，过不了一会儿就会转头问我：“佳佳，你说，这里头的水，是不是从哪来，又会回到哪去？”

　　如果这是个地理问题，也许我可以告诉他，这里头的水从东莞最大的东江流出来，最后要缓缓流入广阔的南海。可是爷爷这一辈子没有读过什么书，也没有什么拿手的手艺，他赖以生存的，除了这片不大不小的水田，大概就是想尽办法地省了。这“省”，最能体现的就是在用水上面，除了一部分原因是由于贫穷，更多则是因为农村太缺水，大的沟渠大多被淤泥塞住，田垄的两端杂草丛生，靠着耕种土地和放牛的乡村，烈日下背朝青天白日的农民，守着自己的这一片热土，在劳作中乐此不疲，当然也就从来没有享受过城市的桶装水，还有那从"新奇的"花洒中喷洒出来的源源不断的水流。乡下人民家家有口井，井极其深，但那也该极深的井水看来却堪堪只有一半，我是女儿身，童年大多是在乡下度过的，看着那井口打怵，每次需要喝水或是洗澡洗衣的时候都是央求爷爷帮着打水，那时候常常就觉得爷爷小心眼，每次打水前他总会不胜其烦地问我：要干什么？一桶够了？一桶够了的，省着用，就一桶不再多了！我觉着他是极其小气的，那铁桶放在地上不到我膝盖高，他却总能觉得有大用处，好像一旦丢弃了一小捧水心里就不是滋味。这一小桶水，他能分成好几次用，先用铁杯子舀出一大杯待着喝，再从桶中倒出一些进一个小盆留着洗菜，这洗完菜的水也有用处，一些倒给家养的鸡喝，一些浇给门口种的小菜。桶里这时还剩小半桶，爷爷便用来洗衣服，当然，洗完衣服的水又能用来拖地洗马桶。爷爷为了能少打水，还叫我写了"节约用水"四字贴在井水旁的墙上——明明家中他和奶奶还有老祖母都不识一字。我从前觉得实在好笑，更有些讶然于爷爷日复一日年复一年的坚持，想着爷爷是个积极响应乡政府号召的农民小英雄。

可是后来我才知道，淳朴的乡下人白天忙于劳作，刺痛的阳光毒辣辣地往他们背上洒，爷爷粗糙的双脚伸进被晒热的水田里，满足于水田里的水由于身体一升一降带来的冷感。月朗风清时，他们早已深眠，而爷爷心心念念着的水田却在一步一步被摧毁。我才知道，爷爷曾当过一个大英雄。

那天清晨，天都还没完全亮，雾气成团似的弥漫在山野间扩散不开，爷爷却早早起了床，农村的早晨都很冷，我蜷缩在被窝里不肯起来，待爷爷穿上黑布鞋，戴上编织了两层的草帽，揣着把长钝刀来拉我起床时，我才懵懵懂懂想起今早是要与爷爷一起打小野猪的。被雾气掩盖了大半边的山在我们房屋的对面，我跟爷爷背着篓子和木桶往前面走，正要从那水田夹着的小路走过。农村的太阳出现得也早，稀稀拉拉的阳光从云中透出来，洒在只种上了一小片秧苗的水田上，光秃秃的水田却被映照出五彩斑斓的颜色，好似水面上漂了一层彩虹。我正要拉爷爷看这惊奇的景色，却见爷爷早就放下了背上的篓子，手忙脚乱地走向最近的水田蹲着身子往秧苗下探，我凑过去，爷爷正用手蘸了水田里的水在眼前看，这水不像平时的自然，看着就油腻腻的，我偏头见爷爷双目怒视，隐隐中又像要流下眼泪的样子，一下子就不敢说话了。

不过一个早上，爷爷和部分村民的"彩色水田"就出了名，不知情的还以为是什么好玩的把戏，纷纷赶来凑热闹，我和奶奶在不远处瞧着，爷爷正和一些人争论着什么。那时我才多大，才刚上三年级吧，看到爷爷与别人吵架当场就被吓哭了，奶奶把我带走不让我继续看，直到后来我长大了才慢慢得知，爷爷跟当时来村里建造纸厂的厂家打过一场"大仗"。爷爷先是带着几个村民顺着水田找，想知道这油污是从哪来的，找得是又心痛又气愤，水田天然来的水多么珍贵，就这样被玷污，水田上的秧苗缚着的是农民们的苦心，就这样被毁掉，爷爷一路怀着这样的心情翻遍了水田连着的沟沟，终于在一条排水沟里发现了源源不断排出来的"彩油"。他大惊失色着跑过去，傻兮兮地拿起脚边一块砖头就要往上堵，旁边的村民还算冷静，赶忙去排水管的方向找，原来是一家小而破旧的造纸厂。厂外水沟里的污水是生产废渣时渗透的，废渣本是用来烧窑的，可是当时的窑厂不生产，厂家只好先把废渣堆在厂里，水淋淋的生产废渣就这样毫无保留地运送到空地上。爷爷当时走过去，眼睁睁看着堆积得数米高的废渣流出脏兮兮的水通向那条被他看作是生命水源的稻田。

有些村民在跟厂家交涉时拿到了赔款，水田的土因为被化学腐蚀根本不敢往上种东西，村民们决定再追究也没有办法解决问题，大多放弃了原来的水田。只有爷爷，痛心疾首地叫厂家给一个交代，这个交代是什么？清透自然的水流从东莞最大的东江流出，缓慢流入珠江后，又通往偌大的南海，爷爷不懂这些，他只知道，干净纯净的水流混上了途经的泥沙，长途跋涉来到他快要干枯的水田，他既欣喜又万分感激，恨不得将自己的大半辈子都要献给这来之不易的水田。而厂家的钱是远远不能承担得起这份由于缺水而对井水瑟缩、看着水田里浮动的黄水就能快乐的心情。爷爷开始了漫长的拉锯战。先是跟厂家沟通，一定要他们把废渣做好处理，接着又是跟乡官们想计策，一定要造纸厂不能再往排水沟排放乱七八糟的东西，后来又犯愁，已经变色的水田，他放不下。爷爷号召了更多的农民，大家自发地在插秧前都去检查各家的水田连着的排水沟，而他总是一个人事先跟附近新建的小厂子联系，就怕又出现这样的错误。

我知道爷爷这桩英雄事迹的前因后果已经是"彩色水田"过去的十多年后了，也许爷爷的行为算不上多英勇，那只是一个不识字的农民在多年前对那片混着黄泥的水的一片痛心，只是一个黝黑的乡下人对自己怀揣着的热爱的一种坚守，在我看来，却也是爷爷迫切地盼望着，有朝一日，"若大旱之望云霓也"，爷爷等待着世上的人与他一样真正在心上爱水呵水，而不用先经历一次失去。

爷爷后来再看着水田问我："佳佳，这里头的水，是不是从哪来，又会回到哪去？我还是不太会回答，但我告诉他："我现在在读大学，学的专业是工业设计，我的梦想是设计出一种普通人家都能使用的天然污水净化装置，脏水经过这个东西，就会干净很多，能循环着用很多次……爷爷，你听不懂没关系，我一定能做出来给你看……"爷爷可能是没听懂什么是净化装置，只是一个劲点着头笑着看我。

但我知道，我们的心中盛着的，是同一片云霓之望。

向每一滴水致敬

陈苑辉

一

一滴水，比米粒大不了多少，可以止渴，可以生津，可以用于救护生命，也可以装在瞳孔里、装在心里，有了超然于其本身的分量。

一滴水看起来是微不足道的，就像一粒米看上去那么渺小，从橱柜里掉下来，你也不一定会弯腰拾捡起来。一滴水像汉字里最小的语素单位，轮到它已经极难再拆分，可是再浩瀚的文章亦离不开它，它们是万丈高楼的基石。每一眼泉水、每一条小溪、每一条河流都是由一滴一滴水汇聚而成的。东莞是一座水城，环绕其中的有东江、东莞水道以及寒溪河，将城市修饰到更柔和的层面。站在河流的上面，我设想着无数的水滴聚集着力量，向前、向上推动，奏响奔腾的生命之歌。

一滴水的力量不大，但它却可以救活一棵小草、滋润一朵鲜花。南方的夏天特别漫长，漫长的炎热、漫长的忍受，水是人们解渴的良方。当然，一滴水，暴露在阳光下可能很快会蒸发、消失，它的寿命极其短暂。可是对于需要它的人来说，其分量是巨大的。在学生成长的道路上，教师的一滴水如同甘露，滋润着心田。从患者的角度考虑，医生的一滴水，是对生命的唤醒、血脉的输送，没有它，生命何其脆弱！

一滴水的价值无法估量。让恩惠化作一滴水，默默等待，当你引来涌泉相报时，别忘了你还是一滴水。拥有一颗感恩的心，不仅仅是单纯的回报，还要让这份恩情得以延续。这一滴水的分量，并不容易承载，它承载的是生命及文化，是人性的根本。不要认为一滴水的恩惠微小，不积跬步，无以至千里；不积小流，无以成江海。用一颗美好之心，看世界风景；用一颗快乐之心，对生活琐碎；用一颗感恩之心，感谢经历给我们的成长；用一颗宽阔之心，包容人事对我们的伤害；用一颗平常之心，看人生得失成败。一滴水，拥有穿石的力量；一滴水，能引来涌泉相报。人生就像多米诺骨牌，若有一张牌少了，便是溃败之势。

一滴水的深度唯有海洋知道，一滴水的分量唯有小草懂得，一滴水的广度唯有博爱才明白。极少人会去计算一滴水的价值或者功用，因为我们习惯于索取。

二

水，太普通了，普通得人们几乎忽略了它的重要性。

习惯了馈赠与接受的人们，不觉得水和电的存在有多么重要，而一旦失去之时，方坐立难安，接下来的每一分、每一刻竟然很难适应。

水，在我们的生活中已不可或缺。处于大城市中心区，停水是非常痛苦的事情，像是前进的路途突然被人挖了个坑，张开大口的坑就霸道地横亘在那里。自来水一刻不来，我们的脚步一刻也跨不过去，对峙已然存在。这样的对峙又渐渐化作心灵上的折磨。

那天晚上十点钟，窗外照例是看不见皓月当空的影子，但夜空仍一片明朗。一抹稀薄的亮色偷偷探进了教职工宿舍四楼的卫生间，恍似舒适与静谧供给的奢侈。此时，妻子刚按下热水器开关，还没喷两下，花洒突然断流了。焦急的她在卫生间扯开嗓门叫喊道："小辉，是谁关水了吗？"她的第一反应是谁的恶作剧抑或谁不小心关闭了阀门，因为习惯了用水的我们一下子没反应过来。我赶紧跑过去，见花洒偶尔滴下几滴水。它好像经了一场长途跋涉的突围，最后一脸无辜、气息微弱地倒在家门口。

正将头发淋湿的儿子睁着一双惊恐的眼眸，有若干的水珠从他发根滴落下来，有的滴在脖子上，像一条蚯蚓般缓缓滑下。幸亏还没有抹洗发水，否则鼓胀的泡沫没水来清洗，那是相当痛苦的事情。

怎么会停水了呢？妻子质疑地问道。

不清楚啊，因为我也没听水电工师傅说何时停水。于是，赶紧给那师傅拨了个电话，他说也不清楚，反正没收到断水通知，不过，下午好像看到学校外面一侧的管道准备要维修了，估计是选在这个时间点进行抢修吧——或许是管道老化了，或其他缘故，总之，相关部门维修管道的通知我们没收到。

无言以对。妻子手执花洒，不知所措。儿子焦急地说，爸爸，我要洗澡！我要洗澡！

洗澡对于一个孩子来说，是天经地义的事情。可是停水了，我也没办法。我只好安慰他，爸爸知道啊，可是停水了，怎么办呢？干洗吧，只能干洗了。我自嘲地哑然一笑。妻子赶紧铺开毛巾，给儿子抹水。洗澡一事戛然而止，顷刻间变得尴尬、无奈起来。

先给小孩穿好了衣服，我走下楼梯，来到一楼后排的阳台旁，就着手机的电筒亮光察看管道是否还有阀门。布满青苔的斑驳的泥沙墙是铁水管攀行的依靠，夜色模糊了它们的本色，一概是灰暗的。阀门确实有，可是丝毫没有扳动过的迹象，甚至在阀门和水表的周围牵扯着几根蜘蛛丝。排除了人为的恶作剧，我退了出来，静默地站在楼下。细看，有三四根水管趴着墙壁，一直通向四楼，每一楼层又有一截分道管。此刻，它们都是空腹的，就像我们也会饥饿一样，它们正处于这样的边缘。我仿佛看到一根根水管在断水之后的小憩与茫然，仿佛看到了一张张等水的期盼而焦急的脸……

那天晚上，我们将就着度过了。天一亮，我们从床上跳起来，第一时间冲到厨房拧开水龙头，哧哧哧，噗噗，嘣，嘣，一股黄泥水从管道里涌出来……尽管这样，我们已经非常兴奋——终于来水了！终于可以洗澡了，可以刷牙了，可以……

我们的日常生活，根本离不开水啊！当节约、珍惜这样的字眼出现在我们的眼前时，很多时候，我们是习以为常而没有教训的。

三

水，实在太宝贵了！我们的日常生活离不开水，农业生产离不开水，动植物离不开水，制造业离不开水，社会发展离不开水……

水，是生命之源，它孕育和维持着地球上的一切生命；水，是生存之本，它延续着人类发展的过去、现在与未来！当我们面对一泓清水的时候，我们应该像朝圣的孩子那样虔诚；当我们看见水资源被污染之时，我们的胸口定会传来一阵阵撕裂的疼痛！

一次偶然的机会，让我加深了对东莞市乃至全国、全世界水资源的认识，也让我们对污水处理厂的工作有了更深入的了解，致敬那些默默为净水做出贡献的伟大灵魂！

那是 2005 年 3 月，东莞市青少年活动中心活动部发起了"我是环保宣传员"的系列活动，旨在加强青少年学生对水资源的珍惜与保护，了解水危机的严重性，提高环保意识，拓宽青少年学生眼界，加强对环保重要性的认知。我们学校作为邀请方，"世界水日"当天组织了二十多名学生参观了东莞中小学节水教育社会实践基地及污水处理厂。

作为这次活动校方的负责人，我深知安全担子的重量，也明白这不仅仅是一次简单的实践活动，它可能影响孩子们的一生！

来到南城区石鼓污水处理厂，我和同学们再一次瞠目结舌了——那是怎样的一番场景？水渠里滚滚污浊的水流正是我们平时的"杰作"，它们裹挟着泥沙、废布料、菜蔬残叶、动物死尸、塑料袋、废纸、木棍……杂七杂八的东西涌进来，像乌合之众反馈出了我们丑陋的恶习。当然，这些都还是属于生活用水，可以利用先进的设备进行再利用。令人无语的是工业用水，工业生产用料、副产品以及生产过程中产生的污染物，携带着化学成分稀释成五颜六色的液体，例如：电解盐工业废水中含有汞，重金属冶炼工业废水含铅、镉等各种金属，电镀工业废水中含氰化物和铬等各种重金属，大多含有多种有毒物质，不但污染环境，而且威胁着人类的健康和安全。

厂长向我们解释的时候，叹了口气，深邃的目光中尽是担忧和无奈。透过这样混浊的水流，一定引发过他合理而触目惊心的遐想。我与他目光相碰的那一刻，任何语言都显得多余了。从沉沙池、厌氧池、氧化沟等一路走过来，我的脚步竟越来越沉重，似乎每迈开一步都承载着人类可持续发展的重任。

这亦是匹夫有责啊！

毋庸置疑的是，我国的水资源存在着严重问题！譬如水资源在时间和空间上的分布严重不均，人均占有量极少。据权威专家公布，我国人均水资源只有2200立方米，仅为世界平均水平的1/4、美国的1/5，在世界上名列第121位，是全球13个人均水资源最贫乏的国家之一。更触目惊心的是，水利部曾对全国700余条河流、约10万公里的水资源质量进行了评价，结果46.5%的河长受污染，10.6%的河长被严重污染，90%以上的城市水域污染严重！水资源被污染后，水中的剧毒物质可在几分钟内致人畜死亡！当层出不穷的癌症、疾病向我们的健康侵袭、蔓延之时，我们可曾反省过，可曾忏悔过？

至此，请擦亮眼睛，看看我们这座令世界瞩目的活力新城——据相关调研报道，东莞境内河流水质污染严重，已造成水质性缺水。其中寒溪水、东引运河流域和石马河流域范围大，污染严重，影响恶劣。东江南支流以下河段、三角洲河网区河段水质较差，部分河段水质劣于 V 类，大部分水库水质劣于 IV 类，已不能作为生活饮用的水源！当我们一次次经过臭气熏天的运河，当我们听到东莞市某镇河流污染恶蚊满天飞、严重影响到居民生活的报道，又是何等的痛心疾首啊！恶劣的水环境状况已经开始制约东莞快速发展的城市建设步伐！

保护环境，义不容辞！解决水污染、加强水防治已刻不容缓、迫在眉睫，需要所有人携起手来，共同去面对！作为新莞人，我们在蓝天下宣誓：我们将积极参与"节约水资源、保障水安全"的伟大行动，呼吁全市的广大市民，共同维护我们美丽的家园！

朋友们，让我们每个人都行动起来，让每双手都紧握起来，愿我们赖以生存的地球变得更加美好！愿秋水共长天一色！

别让我们的眼泪成为最后一滴水。是的，朋友，我们都应该向每一滴水致敬！

马颈坎

万传芳

在老家的方言里，"颈坎"的意思是脖子。马颈坎即马脖子。村中有一座山，因山脉呈马脖子形，故得此名。有一股泉水从山中的岩洞发源，一路缓缓流向山脚，形成了一条小溪。小溪流经整座山脉，人们借用了山的名字，把那条小溪也叫作马颈坎。

我们村确实是适合修身养性的好地方，有山有水。村里有三条流水：从村子最高峰发源的一条流水，流经整个村庄，我们叫它大河。大河流出村子一公里之后，水突然从地上消失了，变成了地下水。另两支，分别是马颈坎、和平沟。马颈坎是大河的一支非常有分量的支流。它沿着马颈坎山脉流出来，在村子中央汇入大河；和平沟是三支流水里面最小的，它是一条季节性的流水，到了秋冬季就断流。它虽然也汇入了大河，但它对村子的贡献，远远不及大河和马颈坎。

大河是母亲河，村里的人沿大河而居。乡间有一句谚语："穷灶门，富水缸。"穷灶门，就是在灶前少放一点柴火，留出一条通道，这样能避免火灾；富水缸，就是水缸里面一定要有水。水对村民的作用，并非简单的吃喝用，在关键时刻，它是用来救命的：比如解放前村中有一户人家，有一天家里起火了，男人们都下地干活去了，只有一个小脚女人在家，幸好家里的水缸是满的。她一瓢接着一瓢地朝火里泼水，终于灭掉了一场大火。小脚女人的后人至今还住在村子里，每当提起这段往事，他们总是感激那一缸水，那一缸从大河里面挑回去的水。大河是慷慨的，一年四季川流不息，哺育了沿河两岸的人们。每天早晨，总能看见各家各户的人挑着水桶行走在通往大河的路上。水挑回家，锅瓢响起来，厨房升起炊烟，一天的日子就这样平淡无奇地开始了。到了傍晚，水缸里面的水快用完了，于是水桶和扁担又在河边晃荡起来。时而有牵着牛羊来河边饮水的人，牛尾巴后面跟着一两个孩子，他们是趁着大人喂牛的工夫，去河边玩耍的。

村民喝着大河的水，也从大河里寻找财富。进了我们村，远远地就能闻到一股石灰水的味道——沿河边上，建着好些火纸厂，纸厂用竹子碾制黄表纸，竹子必须经过石灰水浸泡才能碾烂，泡竹子的池子称之为"麻荡"。麻荡也是沿河而建。碾竹子的时候，每到黄昏时分，纸厂就会排放污水。尽管黄昏时分各家各户忙着挑水、牵着牲口到河边喝水，却与纸厂放污水并不冲突——纸厂的人，总是算计着下河挑水的人已经把最后一担水挑上了岸，下河喝水的最后一头牛，也行走在回家的路上了，才排放污水。村里人是沾了纸厂的光的：碾子在转动着，人们便可以把自家的竹子砍了卖给纸厂。竹子是廉价的，它生长在山野里，不需要成本，只要动一动镰刀砍倒了扛到纸厂就能变成钱。由于这个原因，村里人也就默许了纸厂傍晚时分朝大河里面排放石灰水。那一股股混浊的石灰水从纸厂的排水沟里排出来，汇入大河的波涛中，只是在片刻间，浑水被吞噬，河面很快就恢复了平静。其实河水并没有平静下来，每次都有沉积物留在河底。虽然看不见，喝的时候却能喝出来：看起来清澈的河水，喝在嘴里总有一股混浊的味道。所以，我们村的人习惯喝茶，茶叶能掩盖那股混浊的味道。

马颈坎的水被引入各家各户饮用，是后来的事情。那时的大河，火纸厂已经停了，不过它对大河的影响还在，大河的水越来越难喝了。每到夏天，河里面总是散发出一阵阵难闻的腥味。那是石灰沉积物被太阳蒸发的味道。这个时候，马颈坎，终于被人们记起。马颈坎山脉太幽深，没有人选择沿山而居，水没有遭到破坏。不过，从马颈坎挑水回家，比从大河挑水的难度大多了：人们去大河挑水，只要一会儿的工夫；从马颈坎挑水，却要走相当长的一段路，既费时又费力。村里的年轻人都去了外地，留守在家的都是老人。人老了，桶和扁担也老了，挑不动水了。曾经在傍晚时分被人们牵到大河边上喝水的牛早就被牵进了屠宰场，村里的最后一只羊也早就变成了人们的晚餐。

村里有了第一户卸掉水桶的人家：去镇上买了塑胶水管，把马颈坎的流水引回了家。村民管它叫自来水。它与城市的自来水是不同的：城市的自来水，是由自来水公司进行许多次处理，让水没有了本来的味道之后，才经由不锈钢管引到居民家中，并且在入户的水管上装上水表，以此作为收费的依据。而马颈坎的水，被引流回家就简单多了：只需要一捆足够长的塑胶水管，一个旧饮料瓶，再加上一个自来水龙头，就能把它引回家，水没有进行过任何处理，它回家的时候还保持着原来的味道；也没有人在水管上装水表，马颈坎是慷慨的，它永远不紧不慢地流着，向着塑胶水管输送着清甜的甘霖。

有了第一户人家从马颈坎引水，就有了第二户、第三户。引水入户在村民眼里是一件大事，得找一个熟悉水路的人。引水时需要一个旧饮料瓶，从瓶子中间横着切开，取下有瓶嘴的那一段，把水管的一头套进瓶嘴里，再把瓶子按进水底固定下来，引水工程正式开始。一个人扛着水管往家的方向走，一个人跟在后面提着锄头埋水管。从马颈坎引水回家，该从哪儿开始布道埋管、线路该怎样走，都是有讲究的。水管的位置埋高了，水不听话了，走到半道上，又向着马颈坎的方向溜回去了；埋低了，压力大了容易爆水管。水管出了马颈坎山脉，沿途要经过农田、住户，要绕着道儿走。一边走一边探路一边埋水管，水就不紧不慢地跟着人们回了家。在马颈坎，总能看到一根根躺在水底的水管。每一根水管，至少承担了一户人家的供水任务。隔三岔五总有人去水源地走一走，看一看自家的水管，也顺便看一看邻居家的水管。水管一切正常，日子也就踏实了许多。水桶和扁担，从此被人们冷落了。它们布满了尘埃，静静地躺在屋后的院子里。

从马颈坎回来的水，无需过滤，放进水壶里面烧开了，倒进搪瓷茶缸里面凉起来，口渴的时候喝上几口，有一股清甜的味道，比城市里面的矿泉水、纯净水好喝多了。村里人依旧习惯喝茶。用马颈坎的水泡一壶清明茶，在炎热的夏天、在寒冷的冬季，一壶好茶，足以让人们打开尘封已久的话匣子。

我常常想，一方水土养一方人，这句话是有道理的。没有水和土，哪有人家呢？没有人家，哪来村庄呢？当然，水也需要人。再好的水，没有人去用它，它就是死水，就没有灵气。被人们用过了，它才有了生命，有了灵气。就像马颈坎的水，它缓慢地、静悄悄地流淌着，人们在村子里面平静地生活着。水融入人的生活中，人离不开水。水养活了人，人用活了水，这是一幅多美丽的生活画卷啊！

时光的水印

刘　枫

　　或许是因为从小生活在水乡的缘故，对于水，我总是有一种天然的亲近感。在东莞的这十来年，居近运河，运河水也就自然而然地流淌在我的目光里，流淌在我的梦境中。记忆中的运河水，随着时间的推移，打上不同的水印，我对它的情感，也由揪心，到亲近，乃至欣喜。

　　思绪闪回 2002 年。

　　那时我刚到东莞，秋天的傍晚，没事时约上同事一同出校外散步，沿小路走过一排菜地，然后看见前方有一艘船经过，便兴致勃勃地赶到水边去看。还没走上土堤，一阵难闻的气味扑面而来，呛得人难受。好奇心驱使下，我还是走到运河边。其时，沿河路还没修好，河的堤岸上丛生着杂草。那船载着货物，缓慢地行驶。船尾激起的水花中，翻起的沉渣，打着漩儿浮在水面上，白色的泡沫、废弃的塑料瓶、塑料袋，五颜六色，裹挟着河水，懒洋洋地打着水圈。混浊的水，给人特别不正经的印象，甚至有些发黑，像是一股泥浆。不消说，这样的水里，是不能容许生命存在的。它所能生发的，除了恶臭，还是恶臭。在这样的水边，谁愿意待，真是"七线"了。

　　闲谈中，东莞本地的同事，就向我介绍，运河是东莞的排水沟，从桥头流

053

经企石、石排、茶山等镇，进入莞城，从我们这南城经过，经厚街水道，流入虎门，最后在珠江口进入狮子洋。以前的运河，河水也是清澈的。这些年，因为工业发展的迅速，城市进程的加快，运河两边拔地而起的居民楼和工厂，排出大量生活废水和工业废水，而且是直接排进了运河，这才使河水失去了往昔的清澈，成为人见人嫌的臭水沟。

往回走的时候，想想我的家乡那种清灵灵的湖水，心里就不住地感叹，河水糟踏成这样，难道这就是城市化、工业化进程中，必须承受的代价？那是多么让人揪心的代价啊。

这运河水给我的第一印象是多么糟糕！尽管我对水有天然的亲近感，但碰到这样的臭水，除了恶心，还能有什么？

但我坚信，这样的情况不会长久。因为我知道，东莞人是亲水爱水的，素来讲究以水为财。对水特别有感情的东莞人，怎么可能容忍运河水这样长期"堕落"下去？

几年后，我工作的学校创建省绿色学校，地理科组的老师组织学生到附近的一家污水处理站，进行实践学习。那时，我兼任学校文学社指导老师，因为指导学生写环保作文，便也带了部分成员，一同去现场体验，了解污水处理的环节，感受污水治理对环境的作用，同时，我也顺带拍照，留着影像资料，以便制作档案。

污水处理站的工作人员热心地向我们介绍运河的治理。治堤、清淤、截污、引水，多举并行，为的是让运河不再是蓬头垢面的邋遢模样。我知道，他讲得比较简单，真正的治理过程却是十分复杂而繁重的。要时间、要资金、要人力。要科学地规划，更在大家的支持。但一切付出都是值得的，因为，唯有那种做了，被玷污的明珠才有可能重新焕发出光彩。对于运河、对于这座城市、对于生活在运河两岸的人，这都是功德无量的事。

彼时的运河，在我看来，已有很大改观。以前水面漂浮的杂物，基本不见踪影。河的两岸，堤坝铺上了石头，水泥的地面，显得整洁多了。条石的护栏、路灯、近水的观台，给人一种高大上的感觉。甚至，我还看到有人在那里钓鱼。这是什么概念？水质变好了呗。这样的水，让人重新有了亲近的念头，好事。

地理实验小组的学生们跟着污水处理站的工作人员，测点，取样，试纸检测，收集数据。文学社的成员则跟在他们后面，记录过程。我手中相机的快门，也不停地摁响，将那一个个瞬间定格、贮存，成为将来某一天重新闪回的一个通道。

这次实验之后，地理科组的实验报告，在市级环保和科技活动中都获了奖。文学社成员也写了不少环保作文。这次与水的亲密接触，对我工作的学校，对于我们的学生，对于我本人，都有积极的意义。记忆簿上，都留下了关于水的新印记。更重要的是，对于运河更有意义，因为从学生们认真、仔细的模样里，我欣慰地感觉到，环保的种子在下一代的心田生根、发芽了。

往后的日子，只要有闲暇，没事时，时不时我就走到运河边，关注这运河水的化茧成蝶。

那天在运河边，我又碰到附近污水处理站的那位工作人员，我们的话题自然而然又聊到运河综合整治上。他告诉我，这些年，市里对运河整治，可是动了真招了，重点解决运河沿线生活污水处理问题，特别加强了调污工程管理，有效控制泄洪排污影响。他语调轻松地说："值得期待啦，在运河边上，滨水赏景休闲，不是梦想了。"

他说得没错。现在的运河边，公园、风景区、体育场所、休闲设施，随处可见。早晨和傍晚，甚至深夜，都有市民在此休息和娱乐，运河成为东莞城市新的风景线。最美的是华灯明亮的晚上，彩色的灯光闪烁，流动的色彩将运河映照得分外迷人。路边小小的音箱里，传出优美动听的轻音乐，一种惬意、安祥，自然地写在了人们脸上。爱水的东莞人，看见如今的运河水，脸上笑开了花。

漫行在运河边，俯看着运河平静的流水，我的心里满是欣喜。我轻声对运河说："恭喜你，复活了。"

　　顺着台阶，我走到水边，蹲下身子，目光注视运河水，仿佛要把这水看穿。但运河水并没理我，默默继续它的流程。是啊，以前被耽误了多少时日啊？再不能蹉跎光阴了。

　　而我，分明已从时光的水印里，读懂了这运河水流动的韵味，低调、务实，静水深流，认准目标一直往前。

水的悲喜（组诗）

黄吉文

东江水

在东江左岸
在桥头太园
你穿越黑色的石马河
逆流而上
从莲湖到司马
从旗岭到竹塘
从马滩上埔雁田沙湾
你逆流而上
六座拦河闸坝
八级泵站提水
你逆流而上

抬高了四十六米的水位

汹涌着多少血汗

流淌着多少艰辛

隧洞，一处一处地开凿

涵管，一米一米地铺设

渡槽，一段一段地架立

"令高山低头，令河水倒流"

数万人的付出

数十年的扩建

东深供水工程

八十三公里封闭的运水陶罐

让灯火通明的东方之珠

温润如玉

运　河

流淌了多少年

木筏和龙舟载起活力与健康

戏水的童年

和捕鱼人家沐浴着你的恩泽

一条银色水路

编织万家灯火

而今你多忧伤呢

身体里沉淀着多少重金属

沉淀着多少难以名状的气味和色彩

其实你哪有什么色彩

黑色的烟囱倒映在你黑色的水面

灯火通明的工业

不懂你的沉默

也许再有几十个春秋

你才能洗尽内心的隐疾

让鱼虾回到你身边

让汲水的人露出笑脸

让萋萋莞草

临风而立

最后一滴水

如果你不珍惜

沙漠逼近绿色的肺

灰霾掩埋清澈的心

如果你不珍惜

河流退回陡峭的山

泉眼关上瞳仁

如果你不珍惜

森林成为一点即燃的柴垛

再也听不到鸟雀啾鸣

如果你不珍惜

大地龟裂干旱的嘴唇

为颗粒无收的秋天痛哭

如果你不珍惜

总有一天，南极北极也成熔炉

冰山化为煮沸的河

如果你不珍惜

我们拥有的最后一滴水

就是我们流下的最后一滴泪

江景杂感及环保话题

范雪芳

初冬之东江晚景

暮染长河映碧穹，水天一色晚霞红。
渔舟渐去沙洲远，钓者归家小篓丰。

东江徒步美感

清幽水色对云天，明媚江中荡小船。
渡口横波欢载客，长堤尽处绿绵延。

东江徒步杂感

沿江处处筑高楼，两岸娇花蝶戏悠。
映日残萍随浊水，鱼鲜味美已难求。

网友邀环保局长下河游泳有感

局长被邀游垢河，争相效仿网民多。

赏悬十万非为过，为盼寒溪漾碧波。

做一滴映出太阳光辉的水

王松平

晨光熹微，东江睁开蒙眬的睡眼，打了几个哈欠，去拥抱清晨的第一缕阳光。每天清晨，人们看到一个青年男子身披霞光，行走江边，左手提着塑料袋，右手拿着一把火钳，正弯着腰拾捡那些散落在江边的垃圾，晨曦把他的身影拉得很长很长。

这个捡垃圾的男子叫汤志平，他每天早上重复这一动作，已经重复了10多年，从东江边捡走多少垃圾，他已经记不清了。他用自己微薄的力量清洁东江，让东江的这段肌体免遭污染之殇。

汤志平1992年从湖南老家来到东莞石碣，几经周折，后供职于一家民营公司。汤志平是石碣久负盛名的"节能达人""环保分子"，年年被公司评为"环保标兵"。他也是出了名的"悭吝人"，在公司，他不浪费一滴墨、一张纸；在家里，他不浪费一滴水、一度电，他把洗手洗脸的水存起来，用来冲厕所；把洗衣服的水存起来，用来拖地；每晚坚持早睡一小时，节约用电；每天凌晨五点起床，到东江边健身，而后沿着江边捡垃圾。

初到石碣，每逢周末，汤志平就跑到东江边老榕树下纳凉、下棋、徒步，只要来到东江边，就能让他把乡愁抛到脑后。无数次徜徉在东江两岸，他注意到,一年四季,江水浑浊,人的倒影扭曲、模糊,那一江碧波成了一个遥不可及的梦。每逢春秋两季枯水期,东江失去了"滚滚",温顺得像一脉小溪,无语东流,水浮莲趁机大举入侵,霸占一方江面,让东江无法喘气、无法舒展、无法自由流淌。垃圾,各样各样的垃圾,或一两片,或零零星星,或成群结队,在江面上随波逐流,在江岸边随风起舞。水浮莲大举入侵、水质变浊、垃圾围江,东江的生存环境遭受到前所未有的挤压。

在工业化、城市化的浪潮席卷东莞之后,汤志平目睹了众多河流的发黑、腐臭,或正在干涸、混浊、消失,或早已变成了臭水涌。污染一条河流,是一件轻而易举的事,要恢复一条河流的清澈,也许需要数十年甚至一个世纪或更加久远的时间。他反复思索,夙夜难眠:物质的丰富,让心灵的空间变得狭小,失去了河流的温婉滋润,我们的心灵是否会变得干枯?失去了大自然的庇佑,人类在追求速度的幻觉与快感中,最终将要奔向何处?所以,人应当像善待自己的生命一样,善待河流。没有了河流,其引力范围内的空间、时间带里的生命,也随之枯萎、衰亡、消失。

我能为保护东江的水环境做点什么?哪怕尽一点绵薄之力都行。好几个夜晚,汤志平彻夜难眠。他想起了鲁迅笔下的"铁屋子",他不想在"铁屋子"昏睡,他要唤醒人们心中的环保意识,哪怕唤醒一两个人也行。一日周五的清晨,他早早起床来到东江边晨练,活动一下后,就开始在东江边捡垃圾,而后把垃圾分类,放回垃圾筒。开始,人们还以为他是一位拾荒者,或者是清洁工,渐渐地,人们发现这个"拾荒者"不像普通的拾荒者,这个"拾荒者"满脑子尽是环保理念,张口就是"别乱扔垃圾,我们只有一条东江",闭口就是"爱护环境,从我做起,从现在做起……",人们感觉他是一个"怪人",于是就对他另眼相看。

他不在乎别人的目光,赞许的、怀疑的、嘲讽的……每天清晨5点,他准时起床来到东江岸边。当晨练的人越来越多的时候,他已开始沿着江边收拾垃圾,矿泉水瓶、易拉罐等各类饮料瓶是他最先要拾起来的,因为这些塑料制品、铁制品不易腐烂，然后再去捡各式包装袋，接着分类放好，等清洁工回收完毕后，方才离开。

每逢晨练人多的时候，他就开始宣传他的环保理念。他不厌其烦地说："水，生命之源，没有水就没有人类，珍惜水就是珍惜人类自己，保护水资源不受污染，就是保护人类自己。地球上最后一滴清水，将是人类的眼泪。"

"朋友们，你们知不知道，人体重量的60%是水，血液中的90%是水，我们每人每天需要两公斤的水才能维持生命。水又是生产中的首要资源：生产一吨稻谷需要水1400立方米，炼一吨钢需要水200立方米，造一吨纸需要水500立方米。可以说，如果没有水，人类将无法生存。"

"朋友们，为了我们自身的健康，为了子孙后代的幸福安宁，为了人类今后的生存和发展，让我们积极行动起来，从身边的小事做起，从一点一滴做起，节约用水，保护我们赖以生存的水资源，做一个惜水如金的'环保公民'……"

尽管他慷慨激昂、不厌其烦地宣传环保理念，但应者寥寥，他像一个战士，孤独地奋战着。他的执着得到了家人和理解，女儿开始跟着捡垃圾，从4岁一直捡到12岁。女儿的加入，让他备感欣慰。在他的影响下，他的妻子也成了一名"环保达人"，妻子曾多次在公开场合宣称："老汤现在最为牵挂的就是东江水了，只要一有时间就跑到江边，就用矿泉水瓶灌几瓶东江水回来，看看水是变混浊了还是清净了，仿佛东江是他自己的一样。"

让汤志平无比高兴的是，东江水正逐年变清，那水中的倒影不再支离破碎。河流与人类、河流与文明的起源，有着千丝万缕的联系。仅就人类而言，最初的形成与辉煌的文化，都是由河流滋养和哺育的。没有河流，很难想象，我们人类如何进化？如何生存？正因为有了河流，像母亲一样，呵护着我们，我们才脱离了其他动物的思维和行为方式，成为高级的灵长类动物，我们才创造了劳动工具、创造了文字、创造了文明。

一个人的力量是有限的，一个人的力量也是无限的。渐渐地，他的行为得到了理解、认识，有人为他的行为感动，也有人觉悟了，他不再一个人"孤军奋战"。他适时成立了一个环保小组，由最初的3人上升到12人，其中两个是公司的高管。他们经常相约在周日骑着自行车，在东江边缓缓地行驶，为洁净一段东江行动着。

他钟情于环保事业，十年如一日，身体力行地践行环保理念。在东莞文明创建攻坚克难阶段，他发出"垃圾不落地　东莞更美丽"的倡议书："亲爱的市民朋友们，良好的文明习惯需要每一位市民去养成，社会的文明需要我们共同去创造，让垃圾不落地，让东莞更美丽，需要我们共同努力，让我们一起携起手来，把我们共有的家园——东莞，建设得更加美丽、更加和谐、更加幸福……"晓之以理，动之以情。

汤志平的目标是做一位"环保公民"，用自身行动影响身边人，感动身边人，唤醒人们的环保意识，让更多的人做"环保公民"，共同保护人类共有的家园。

他说每个人都是一滴水，放在太阳下就会被晒干，放在地上就会被吸干，只有放在大海里才能存活下来。

一滴水能够映现出整个太阳。他愿意做一滴水，做一滴能够映出太阳光辉的水。

停水后

叶雪茹

中午 12 点多，我才下班买菜回来。上电梯时，一位保安刚好和我一起上了电梯，在通知栏贴通知。同梯的一小孩马上念起来："因小区球场抢修水管，我小区定于今天下午 1∶30—5∶30 停水。"我一听，急了，马上把通知看了一遍。我马上打开手机，里面没有接收到小区发出的短信通知。小区管理人员也没有通过微信向我们发消息。幸好迟回来，才有机会看到这个通知。

我回到家，马上把家中的三只好桶装满清水，还吩咐儿子把他的水盆装满水，并在微信里通知好友。马上有回复："准备停水？我赶紧装水。""我还在餐厅，我马上叫儿子装水。"

我匆匆做汤做饭后，留上一盆洗碗水，午休了。

"妈，真的停水了！你真机智！"儿子现在才知道我留水的好处。

下午五点半，我打开水龙头，没有水。做饭还早，便下去散散步，看见电梯间里的通知换了："因小区球场抢修水管工程艰巨，我小区定于今天下午5∶30—8∶30 继续停水。"我的心又咯噔一下：万一今晚一直没有水……家里的水应该够做饭、洗菜、洗澡、漱口，幸好平时有用旧桶装洗衣水的习惯，冲厕所是没有问题的。

我刚下去，看见七楼的小丽带着满头是汗的儿子小胖要上楼，小胖喊着："热死了，我要好好冲个热水澡。""乖孙，没水！物管也是，不通知就停水，家里一滴水都没有了，连马桶都没得冲，臭死了！"小胖奶奶正好从电梯出来，愤愤地说。

"怎么办？"小丽眉头一皱，计上心头，"有办法！走，咱们去外婆家洗澡，今晚就在外婆家吃饭！"

"我怎么办呢？"小胖奶奶可不愿意投奔亲家，嘟囔起来。

"你用饮水机的水做饭，反正家里还有两桶蒸馏水。"小丽不愧点子多。

我一算，小胖奶奶这顿饭可比去餐厅还要贵，小胖这个澡也是高价澡，因为他外婆离这里有 20 公里。

有钱就是任性！我笑了笑，继续往前走。以往热闹的游泳池今天可安静了。那也是，游泳池水每晚都放漂白剂，游后没有水洗澡可难受了。这时，我的朋友给我发微信："我们一家四口现在去松山湖的游泳池游泳，之后在外面餐厅吃饭。一次性解决问题。停水增进感情！"我忍不住回了几句："有钱就是任性。万一停水一年，也难不倒你！"她马上回复："别吓我！那可要把家败光，得搬家了！"这时我想起了非洲多少地方常年缺水，很多人甚至从来没有喝过干净水，他们没有钱搬家，只能默默忍受缺水的折磨。想到这里，我也没有心思再聊微信了。

那些带着婴儿的年轻妈妈和奶奶，也一边带小孩，一边吐槽：

"我家现在连洗奶瓶都没有水洗，我家装的是直饮水。只能到便利店买瓶装水回来煮开再洗，我老公才买了四瓶，够洗不够喝！听说商店里的水卖光了，现在打电话请人送货过来呢。"

"以前有水井，多好，水又清甜，也不用花钱，现在那么多高科技——桶装水、瓶装水、直饮水，好是好，但越来越贵，停水后就最没有办法。"

"我家一天要用很多水的，水费每月 150 元。每天洗衣机洗两桶衣服，家里四口人上一次厕所，抽水马桶就抽一次水，洗菜一天六盆水，洗肉六盆，洗砧板、洗抽油烟机、洗灶头又三四盆水，还有拖地三桶水，浇花两桶水，洗澡更不用说了。"好友阿媚在一旁说。

我瞪大眼睛："油烟机也要天天洗?"

"是，我用强力清洁剂，所以，我的抽油烟机特别干净，五年了，还像新的一样。"

我想起了新加坡的环保再造水。

我说："我一个月水费 24 元左右。我洗菜的水留着浇花、洗碗碟，绿叶菜的水也特别能去油污。洗衣服大多数手洗，用水少。洗衣水用桶装着，留着拖地板和冲厕所用。我尽量少用强力清洁剂，我想，这样不至于让水污染那么厉害，生活污水也不至于不能再用。"

"你真那么高风格?"阿媚笑着。

"我个人的力量是微弱的，但我还是坚持这样做，不仅仅为了省钱，是为了让我们的子孙以后还能喝纯净水。如果我做好了，你也做好了，相信这个目标很容易实现。"

"我曾听你的话留过几次水，可我老公见一次骂一次，他说那些水桶占了厕所的位置。现在我也懒得留了。上个月水龙头漏水，我白白给了300多元水费!"好友阿娇也加入了我们的议论。

"你们知道吗? 水费又涨了。民用水涨了四毛多一吨。商业用水和工业用水现在将近 4.2 元一吨了。再不节约的话，水费将越来越贵，水越来越稀缺。人家新加坡还能投入大量资金自产再造水。可我们的污水若尽是强力清洁剂的话，再造水也不能喝。再有钱的人也应该节约用水。"

她们默言不语。

晚上八点半，小区里一片欢腾："有水了!"

短暂的停水暴露着人们的一些用水状况，还没能改变人们的意识与习惯。当子孙后代面对长期的停水、缺水，又会怎样?

这夜，我难以入眠。

拯救茅洲河

唐泽明

流水冲洗年华，城市珍藏记忆。

水是城市的生命线，是城市文明的摇篮。打开地图，人们不难发现，不论国内还是国外，都有许多城市滨水而建，一条河流，全线贯珠，维系着一串城市。因水而生的城市，必定是灵动的，栖居其中，尽享生活的恬静与美好。

发源于深圳市羊台山北麓的茅洲河，蜿蜒前行，在伶仃洋注入大海，是深圳与东莞的界河。自古以来，茅洲河像一位温情的母亲，用她那甘甜的乳汁哺育着两岸人民。穿越时空的隧道，上世纪六七十年代，茅洲河两岸鱼塘相连，稻田飘香，河水可以供居民直接饮用，八十年代，人们还可以在河里洗澡，经常还有钓鱼、摸虾人的身影。在长安本土作家李泽光的笔端下留下了许多美好的记忆："茅洲河，如彩练，轻轻地舞动着荔乡的情思，轻歌曼舞，在伶仃洋追逐着海上的浪花；河水，如长诗，悠悠地，流淌着唐风古韵的故事；两岸，一汪翠绿，绿得醉人，静静地，在飘香的风里，滋润美丽。"感恩于自然的恩赐，繁衍生息在茅洲河岸的长安人亲切地把她称为"母亲河"。

然而到了上世纪 90 年代，茅洲河两岸的土地上已经不再种植庄稼，而是雨后春笋般地"长出"了塑胶厂、五金厂、电镀厂等，让人痛心疾首的是茅洲河被现代化进程的人们有意或是无意糟蹋了，工业废水、生活污水，甚至是化粪池的污物直接排入河渠，不到十年的时间，原本美好而洁净的茅洲河已变成"黑河""墨汁河""臭河"。盛夏时节，临水而居是一件多么舒心、惬意的事，但现在的茅洲河及其支流边上的居民却被阵阵恶臭熏得开不了门窗，从河堤上走过，不得不遮掩着口鼻，其情其景，不禁让人心酸。

广东省环境监测中心曾对茅洲河的水质进行过检测，它的干流和 15 条主要支流的水质均劣于 V 类，氨氮、总磷等指标严重超标，其中一个支流的氨氮指标数竟超标 23.2 倍。我们知道，按照国家的标准划分，劣五类之后就没有再差的划分了，如果有的话，茅洲河的水质，可能是劣十类、劣十几类了。省环保厅人士坦言，茅洲河堪称"珠三角污染最严重的河流"。

去年暑假，我高中的同学、现湖南大学岳麓书院博士生导师李清良教授顺道来长安与我一叙同窗之情。寒暄之际，他与我谈起了宋代文学家、民族英雄文天祥的千古名篇《过零丁洋》：辛苦遭逢起一经，干戈寥落四周星。山河破碎风飘絮，身世浮沉雨打萍。惶恐滩头说惶恐，零丁洋里叹零丁。人生自古谁无死？留取丹心照汗青。博学多才的他对该诗进行了一番精彩解读，文天祥慷慨激昂之豪气、视死如归之决心在浅斟慢酌中娓娓道来。席间，他提出个要求，要我带他去长安临海的地方眺望、感受一下零丁洋。这个要求很容易做到，因为我来长安工作、生活已近 30 年，对于当地的风土人情还是略知一二，位于茅洲河下游西岸的长安涌头社区，其文姓居民就是文天祥胞弟文璧之后，零丁洋就是伶仃洋。第二天清晨，天气不错，我们驱车到就近的茅洲河边，走在河堤上，难闻的臭气扑面而来，放眼望去，建筑垃圾、生活垃圾在河边随处可见，河面上漂浮着黑色的油状物质，聚集着大量形形色色的垃圾。溯河而上，发现或明或暗的排污口向河流排泄着各种垃圾，让人触目惊心。面对此情此景，李教授扼腕长叹："想不到在深圳、东莞这样脸面光鲜的城市里，竟然留下这样一道黑色的'疤痕'，令人'伶仃'。"我很内疚，这次的行程不仅没有给老同学带来凭海听风、追古烁今的雅致，反而是"家丑外扬"，给我的第二故乡丢了分。

茅洲河曾经是一条河水清澈、鱼儿欢畅的河，如今她却在日夜哭泣，流着黑色的眼泪，她的悲伤揪动着深、莞两市人民的心。

饮水思源，在践行"中国梦"和"美丽中国"的当下，我们是否该放缓经济快速发展的脚步，敲一敲生态危机的警钟，想一想我们该拿什么来拯救我们的茅洲河？

作为广东省人大常委会连续多年督办的重点跨界河，茅洲河污染整治的成效一直不尽如人意。污染一条河流容易，但要整治一条河流却是一条既艰难又漫长的路。

让江河湖泊休养生息是国内外水域生态环境治理的有效经验。从国外情况看，进入20世纪70年代，针对积重难返的环境问题，发达国家纷纷采取严厉的措施保护环境、治理水污染。如日本为了治理琵琶湖，从上个世纪70年代初开始，通过污染减排、严格准入、全面治污，给湖泊水质改善和生态修复提供了"喘息"机会。同时通过底泥疏浚、芦苇净水、革除青草等，促进湖泊生态修复。从国内来看，云南大理州面对洱海出现的环境退化迹象，以"洱海清、大理兴"的强烈责任感，主动出击，启动了生态修复、环湖截污治污、城镇垃圾收集和污水处理系统建设、流域农业农村面源污染治理、流域水土保持、环境教育管理等六大工程，重现了洱海生机，积累了预防为主、防治结合的治污经验。

拿近一点的案例来说，麻涌镇华阳湖的水污染整治经验实在是可圈可点。华阳湖曾污水横流、臭气熏天，经过几年时间的治理，华阳湖已变成可以泛舟怡情的美丽湿地公园，越来越多的人前往观光。

"一个和尚挑水喝、两个和尚抬水喝、三个和尚没水喝"的故事告诉我们，综合治理茅洲河的关键在于"破界"。要打破"治理界限"，两市要建立起有第三方监督落实的协调合作机制，加强问责，不要再让界河段的治污工程花大量纳税人的钱却没有看到实际效果。要走出"公地悲剧"，抓紧推进截污工程，下大力气整治茅洲河水系的各个河涌、支流，抓紧建立完善周边居民生活排污管网系统。走出自我利益的界限，牢固树立环保意识。沿岸居民也要对治污工程多些配合与支持，毕竟，治污不仅是政府的职责，更是每家企业、每位公民的责任所在。

当前，深圳正在建设"现代化国际化创新型城市"，东莞也在致力建设"国际制造名城、现代生态都市"。大家深深地认识到，黑臭的茅洲河与深、莞两市发展愿景格格不入，必须动真格、花气力拯救茅洲河。

河流是城市之脉，城市因水而兴，因河而美，我们期待着茅洲河涅槃重生的一天早日到来，让茅洲河水清岸绿，再次成为串起深莞两市的珍珠链。

"小气"保姆

刘庆华

　　孩子上幼儿园后，妻子决定继续上班。为了解决孩子的接送问题，我从老家请来一位兼带亲属关系的花甲保姆。

　　老人家身体好，不但能按时接送小孩，而且还给孩子洗澡搓衣，有时帮忙做饭炒菜。我和妻子觉得老人年纪大了，不便多做事，只要接送孩子就可以了。可老人在农村习惯了劳动，没事做就浑身不自在，我们只好让老人多一点"活动"。

　　老人什么都好，就是有一点"小气"，每天晚上给孩子冲凉时，澡盆里的水放得太少。我委婉地对她说："阿姨，孩子喜欢玩水，盆里多放点水。"可她似乎没领悟我话里的意思。我又半开玩笑半当真地告诉她，澡盆里的水放少了，孩子身上的汗水都洗不干净。老人家这才变得大方一点，往盆里加了三分之一的水。

　　给孩子洗完澡后，老人把废水装进塑料桶，用来冲洗厕所，她甚至还把洗衣服和洗青菜的水装进桶里。老人的节约美德让我很感动，但妻子并不赞同她的做法，废水装在桶里既不卫生，也不雅观。妻子对老人说："阿姨，你最好是把水直接倒掉，冲厕所用不了多少水，也花不了多少钱。"老人却笑而不语，依然我行我素。妻子找我商量如何让老人改变这种做法，我摇摇头说，无非是把她送回家。为这点小事就"一刀切"，未免太不讲情义，何况她这样做的出发点是好的，也并不是什么坏事。既然老人喜欢这样做，就让她"节约用水"，桶里的废水每次用完后，提醒她把水桶清洗干净便可。妻子只好作罢。

一天下班归来，我看到老人手里拿着螺丝刀在主人房的坐便器上摆弄。我以为她把马桶后面的蓄水桶弄坏了，连忙走过去。这一看不打紧，仔细一瞧，吓了我一跳，原来老人用螺丝刀在调节蓄水桶里的浮球阀。我让老人赶紧放下，别调坏了球阀。老人笑着说："你们去上班后，我悄悄观察好多次了，觉得这个马桶做得不科学，装水太多，很浪费，要是把这个球往下调一点，少装点水也能把厕所冲干净。"见老人这么用心，我只好让她摆弄。她把浮球阀下调后，让我做了一次试验，效果的确可以。妻子知道后，连连夸赞老人头脑灵活，精明能干。

老人说："我晓得你们并不小气这点水钱，我是想别浪费水。在农村，水虽然不要钱，可是很宝贵，稻田禾苗不能缺水，地里庄稼需要浇水，人喝水要去井里挑，洗衣服要去河边……如果遇上旱灾年，稻田开裂、地里歉收，连喝水都困难。以前，好几年遇上干旱天，河水断流，村里的人跑去几十里的大山脚下舀地下的榨山水回来喝。洗澡没有水，只能用湿毛巾擦身子。农村哪有城里这么舒服，用的是满足供应的自来水，喝的是纯净水，我来你们家都觉得是享福。"

听了老人的讲述，在城里长大的妻子脸上露出怜悯的表情。说实话，我也是一个农民工，只是进城时间长了，自己买了房，在城里定居了。尽管如此，曾在家乡农村的生活经历让我记忆犹新。那些年，为了稻田抗旱，我和大哥抬着抽水机从河边抽水，一个星期仅睡了不到十几个小时。那时的水比金子还贵，多少村民为了抢水而大动干戈结为仇家。而今，我从农民变成了市民，可我的骨子里还是一个本色不改的农民，对老人节约用水的做法，我完全能够理解。

我乘机向妻子讲述了曾在农村遇上旱灾的艰苦日子。妻子感叹地说："水是万物生存之本！我以后也要像你们一样节约用水。"此后，妻子再也不埋怨保姆的"小气"，她也学着老人把洗衣服和洗菜的废水装进桶里再利用。

凝结生命之水

薛　斐

在东莞长安工作生活多年，喜欢这里的环境气候。因地处亚热带海滨小镇，这里湿润多雨，树木常绿。不管是公园、广场或公交车站，洗手间都比较干净整洁，有自来水可用，还有一些公共场所有干净的饮用水。这与我老家那种几条街找不到一个公共卫生间、有卫生间却没有水的内地小县城相比，不只是城市建设好，最重要是，有水可用。由于天气较热，这里的人们几乎每天都要"冲凉"。

我的家乡在豫西南边陲丹江河之滨的小山城，如今因南水北调中线工程渠首而一举成名。由于一渠清水北上，让京津燕赵大地的人们都吃上了丹江口水库甘甜的天然淡水。但我很惭愧地说，在丹江边五公里外生长生活几十年的我的乡亲们中，有很多人一生都不曾喝过一口丹江水库里的水，甚至到如今，吃水对他们来说还是一件天大的难事。

因地处丘陵群峰之中，山不高林也不茂密，难以储存地下水。很多村落的人都居住在长满嶙峋山石的山梁或山坡上，靠水井水窖储存水，或从瓦屋檐上收集雨水生活。因此一年之中纵有大雨千顷，降水万盆，也都汇聚到沟壑之中，而后流入丹江水库。也有山高林茂的村落附近可能有山泉，但山泉水也有干涸的时候。若遇大旱，几个月没降雨，水井水窖里的水都没了，人们只能去几里外山坡下的深谷中挑水吃，这就需要劳力来挑水，常常是挑一担水要用一个早上或上午。如果人多或家里养有牲口，就需要一个人专门挑水。最苦逼的是，部分南水北调移民时，因房屋在预定的水位线以上而没有被迁走的村民，只能站在高坡上望着浩瀚的丹江水而兴叹了。

我记事起，村子里还不是太缺水的。秋天雨多，冬天的雪也特别厚。村庄在半山腰上，山上树木茂盛，村下的河沟里也有水流淌。那些被山梁切开的一条条河谷自山顶蜿蜒而下，河谷里是人们用石头砌起来的一道道的"挡子"，每个"挡子"就是一块肥沃的田地，与山坡上开垦的山地相接相连，成为一沟一洼美丽的梯田风景。因"挡子"储满了被雨水从山坡上带来的泥土，是种植小麦、大豆、芝麻、玉米这些贵重粮食作物的好地。遇上天大旱时，山坡田埂上的庄稼已经干枯了，"挡子"上的庄稼依然绿油油的。

到了秋天雨多的时候，突如其来的一场大暴雨，铺天盖地的洪水从山顶、山坡汇聚而来，刹那间便可毫不费力地淹没了这些"挡子"，水从"挡子"口倾泻而下，形成一层层阶梯状壮观的瀑布。好在洪水过后，"挡子"上的水也很快地消退了，除了一些庄稼被水冲得歪歪斜斜，或倒在地上外，几乎每个"挡子"下面都会被瀑布水流冲出一排水坑。有些坑可达两米多深，面积有三四十平方米，这些水坑就成了我们年少时洗澡和学习游泳的最佳去处。

河沟边到处都有柿子树，秋天是柿子初熟的时节，于是我们就从树上摘下一些青柿子，埋在水坑边上的烂泥里。几天过后，柿子就可以吃了，味道极脆甜香美。

但到了冬天，特别是春节前后，雨水特别少，甚至几个月都不下雨，井里的水没了，人们就去河沟里挑水，或从山谷深处的山泉挑水。后来，乡亲们用水管把山坳里的山泉引水到村里，村里人还吃上了真正意义的山泉自来水。

但不幸的是，几年后山泉水也干涸断流了，人们不得不重新开始淘井取水，或挖窖储水。交通道路好的村庄，人们开三轮车或用牛车去很远的地方拉水。如今的山村里只剩下老年人了，实在没水吃的时候，他们就只能花钱买，一百元一汽油桶水，有时要一百五或两百。有特别偏远的村落因山高路窄，卖水的车也上不去，个别老年人还因无收入无钱买水，吃饭都成问题，靠邻居救济。如此种种，让人心痛。因此，当很多人在赞美"南水北调"中线工程成功引水入京，并以此为荣时，我却感到十分痛心，为那些"家门前"有水而自己却没水吃的乡亲伤感落泪。

我曾写过一篇散文诗《关于水》，刊发在《散文诗》上："水是什么？是茫茫雪地，是潺潺溪流；是大漠的胡杨，是戈壁的绿洲；是蕴含在眼中的泪水，是脉络里奔腾的血乳……听那九曲十八弯的号子，看那黄土高原上干裂的黄土，它们都在唱，水啊水！站在季节深处的水，找不到回家的路……于十二月夜冻僵我手指和心扉的水啊，那是我长长的梦的冰河。"对水，我有一种刻骨铭心的感受，水是生命之源，水凝结并衍生了生命。如果没有了水，万物皆涸。

由于家乡缺水，生活中我也注意节约用水，平时用淘米水洗碗筷，用洗衣、洗菜水冲厕所。在公共场所看到有人不关水阀，我也会帮忙关上。我租房的地方，水费一吨要四块钱，纵然节约，一家人一月下来仅水费也要一两百块，已让我很是心疼。但几年前发生在工作中一件事，加剧了我的心伤，至今令我记忆犹新。

那时我在一家企业做文秘兼职内刊主编，收到一篇关于公司开源节流、减少资源浪费的稿子。稿中有这样一段话："在洗手间、冲凉房张贴节水标语，提醒节约用水，人走关阀。"当我拿着小样找公司领导审阅时，领导却说："节约用水、人走关阀，这是小孩子都知道的基本常识嘛，我们这些在办公室工作的成年人，难道还用这样的提示吗？"

我愕然，而后取消了这个稿子，但心里却很受伤。虽然成年人都知道应该节约用水，但在生活中，总有一些人漫不经心或疏忽大意，甚至一些人因为有钱有权，从不觉得水珍贵，而人为地浪费。如果我们能认识到水的重要性，通过各种形式提醒身边的人都有节水、爱水、惜水的意识，做到警钟长鸣，让"节水"成为一种态度和习惯，岂不更好?!

病由心生，水因贪浊

黄秀玲

"水"是一个神圣的字眼，因此人类赋予水柔美的一面，"山高水长、碧水蓝天、水天一色、绿水青山、秋水伊人、柔情似水。"古代诗人也从不吝啬笔墨赞美水："水光潋滟晴方好，山色空蒙雨亦奇""泉眼无声惜细流，树阴照水爱晴柔""日出江花红胜火，春来江水绿如蓝"……还寄情于水："桃花潭水深千尺，不及汪伦送我情""花红易衰似郎意，水流无限似侬愁""问君能有几多愁，恰似一江春水向东流"……

水赋予地球生命与生机。从太空中看，地球大部分区域被美丽的蓝色海洋所覆盖，地球是一个可爱而美丽的水球，水域面积占地球面积的70%，因为水在地球上能以液态的形态存在，所以地球才有生命与生机。自古至今，不少著名作家都抒写着山水情怀，多少著名画家笔下也留下山水美景，如此纯洁而美丽的水，到了当代科技如此发达的今天却变成被污染的恶水，水资源如此丰富的地球今日却沦落到枯竭的地步，真的有点令人不可思议，然而事实却是如此！

去年暑假，我到我国西部进行为期一个月的旅游，在感叹"江山如此多娇"的同时，也为因水资源的枯竭而致使那些著名风景区消失而忧心如焚。呜沙山、月牙泉是以"山泉共处，沙水共生"的奇妙景观著称于世，被誉为"塞外风光之一绝"。茫茫的沙山一座挨着一座，连绵不断，月牙泉像一弯新月躺在鸣沙山的怀抱中。那泓清泉滋润着那片小小的绿洲，在高大的胡杨树和茂盛的芦苇映照下，月牙泉显得更加清澈。我在感慨大自然造化这神奇的同时，对水也产生了无比的敬畏。可站在围闭着月牙泉的高高的密密的铁栏杆前，看着守卫在月牙泉四周的多名警卫，觉得那些附加的保护真是大煞风景，心里总不是滋味。月牙泉宛如一弯新月落在黄沙之中，虽然经历了千万年风沙，还是那么清澈，在婀娜多姿的胡杨树与柔美的芦苇的掩映下，显得娴静而奇丽。然而却来了一层铁栏杆，还加上多名威严的警卫，每每想静静地欣赏那"天下沙漠第一泉"时，都会被铁栏杆与警卫双重阻挡。铁栏杆冷冷的，尽管没有碰它，也觉得有一阵寒气，警卫的目光同样也是冷冷的，只要你想再近月牙泉一步，他们就狠狠地瞅你一眼，美好的心情与期待顿时降到了冰点。可静静地想想，这又能怪谁呢，谁让我带着罪恶的期望来观赏清泉呢！从计划到月牙泉旅游的那一刻开始，我就一直渴望尝一口月牙泉的泉水，不为别的，就为了试试"沙漠第一泉"的滋味，看看如此神奇的沙漠之泉与普通的山泉水有什么不一样，说白了就是好奇，觉得没有品尝月牙泉水的滋味这趟就白走了。我相信，这罪恶的期望也是很多游客的期望，假如每一位到此一游者都尝一口泉水，甚至用水瓶装一瓶泉水，那月牙泉岂不是早已在人间消失了吗？

原来月牙泉已经有过一段濒临消失的历史。20世纪70年代中期，当地垦荒造田，抽水灌溉及周边植被破坏、水土流失，导致敦煌地下水位急剧下降，从而使月牙泉水位急剧下降。月牙泉存水最少的时间是在1985年，那时月牙泉平均水深仅为0.7至0.8米。由于水少，当时泉中干涸见底竟可走人，而月牙泉也形成两个小泉不再成月牙形。为拯救鸣沙山月牙泉这一神奇的大漠景观，总投资4100万元的月牙泉水位下降应急治理工程于2007年初正式启动运行。应急治理工程在月牙泉周围修建四个渗水场向地下渗水，通过提高月牙泉周围的地下水位，保持并提高月牙泉的水位。这一工程已于2008年5月完工，月牙泉水位得到控制并逐步提升。近日，敦煌月牙泉再生"子泉"，出现"三泉相依"的奇观。

哦，我恍然大悟，天上来之水也有枯竭之时，而枯竭的真凶是人类罪恶的期望——贪念，这也是水资源被污染与枯竭的真凶。是的，正如佛说："贪念是一切的罪恶之源。"

东莞原是一座"水"城，河涌交织，水库湖泊众多，当年著名作家陈残云的《香飘四季》描写的就是麻涌镇摇橹运蕉、蕉林小艇、河涌水寨凉棚的水乡美景，真是中国南方的"威尼斯"。溪流河川中闪闪发光的不仅仅是水，也是我们祖先的血液。那清澈湖水中的每一个倒影，反映我们的经历和记忆；那潺潺的流水声，回荡着我们祖辈的亲切呼唤。河水为我们解除干渴，滋润我们的心田，养育我们的祖祖辈辈。可这纯净的水在短短的二十年间竟然变成了恶水。20世纪80年代，如果当时有某位专家说，如果东莞人不爱护水、节约用水，二十年后的东莞将会严重缺水。作为一位地道的东莞人一定会怀疑那位专家不认识东莞的，甚至会骂他有精神病。然而，今天的东莞确确实实是一座"严重缺水"的城市，人均本地水资源量明显低于国际严重缺水线，更可怕的是昔日美丽的河涌现在已经变成了排污沟，清澈的湖泊也变成了污水储蓄池。工业发展，用水量增加，排污量增加，然而在利益的驱使下，没有建立完善的排污系统，污水、废水直接排入河道、湖泊，美丽之水短短的二十年间变成了恶水。青山绿水就这样被文明人以这样野蛮的方式毁了。爱水、节水、护水是每一位东莞人面临的新的挑战，也是作为一位地球人应尽的义务。

没有了水，什么都没有了——所有靠水得到的一切。

"心病还须心药医，解铃还需系铃人。"看来人类如果还想地球青山常在，绿水长流，那就要先断绝那罪恶之源——贪念。

消失的疍家人

陈荣泽

　　这是我漂泊在莞城的第二十个年头。当初怀揣着创业的远大梦想，我上了岸，为生活拼搏着，找到了一份体面的工作，并组建了家庭，成为城里的一员。可是城市的喧嚣、工作的压力，常常让我难以心安，无法入睡。这时，我总会想起以前美好的疍家人的生活。

　　我出生在珠江边，父辈以上都是传统的疍家人。疍家人长年生活在河涌的小船上，过着四处漂泊的日子。白日里哼着咸水歌打捞鱼虾，夜晚听着涛声入眠。河就是疍家人生活的希望，船就是疍家人驶向幸福的最可靠的工具。二下世纪八十年代末，改革开放的春风还没有吹到东莞，生活在珠江和各大河涌上的疍家人依靠着江河和小船，在纵横交错的水乡中，与风浪做伴，靠捕鱼捞蚬为生。我们一家就是这里的行家，爷爷父亲都是捕鱼的能手。疍家人的生活不算富裕，但靠着"靠山吃山，靠水吃水"也过得挺惬意。

　　小时候，江河的水十分清澈。我会与邻家女孩在江边戏水，又或者与好朋友到河里举行游泳比赛，玩得不亦乐乎。傍晚放学后，我会跟着爷爷去捕鱼。在金光闪闪的河水中，爷爷划着船桨，而我则向空中撒下渔网，然后再用力拉回，一条又一条的大鱼被捞起来，我就会激动跳起来拍手，发出自豪的喊叫。

那是欢乐的笑声，那是对生活的满足！爷爷这时就会唱起那悠然的疍家咸水歌："渔家灯上喝渔歌，一带沙矶绕内河。阿妹近兴咸水调，声声押韵有兄哥。"歌声淳朴，映衬着美好的河中景色，犹如一片自然和谐的仙境。

正所谓"一方水土养一方人"。在江河情意绵绵的孕育下，各家各户待人也十分热情，民风很淳朴。印象最深的是那一年，霜冻持续时间特别长，河里的水产少了很多，家里的收入降低了，又因为我家人口多，生活步履维艰，家里连下锅的米都没有了。船上的邻居知道后，连忙掏出了自己的"宝贝"，才让我们渡过了难关。好一个"一方有难，八方支援"。

生活，不会总是直线，有时，也会弯曲。

九十年代初期，东莞开始迅速崛起。工厂越来越多，经济收入越来越高，但是排放的污水和生活垃圾也越来越多。清澈的河水变得乌黑，不堪入目。那一夜排放的污水，足足染黑了十多条河涌，最后流入珠江，延绵十多公里。各类水产竟然在那之后几乎灭绝。疍民已经没有收入了，越来越多的疍民响应政府政策上了岸生活。热爱着河中生活的父亲常常喝得烂醉，并经常打骂母亲。母亲忍受不了这样没有希望的生活，在一个下雨天离家出走。家里的生活更加艰辛了。

又是一个下雨天，我做出了决定。"父亲，我要离开渔船，我要上莞城。""我们世代都是靠江河谋生的，要离开真的很不舍。"父亲说完后，翻出他的长烟枪，深深地吸了几口，更添几分忧愁。我低声说道："坚守着一条破船有什么用呢？母亲就是因为不想过这样的生活才离开的。"说完后，我有点后悔了。父亲扬起手打了我一巴掌，火辣辣的，这是父亲生平第一次打我。那天晚上，我也离家出走了。

转眼间，离开家已经二十年了，我依然为自己的人生拼搏着。这些年，经济高速发展，到处高楼林立、车水马龙，东莞发生了翻天覆地的变化。但是另一方面因为长期排污，迫于生计，所有的疍家人都离开江河和小船上岸生活，昔日璀璨的疍家文化逐渐消失在城市的发展中。爷爷是在我走后那一年伤心离开人世的。后来，父亲告诉我，爷爷离开人世的地方正是他深深眷恋的河中小船上。

现在，江河的环境在政府大力整治下改善了很多，已经恢复了昔日的清澈，人们在河堤上还栽种了各种绿色植物，景色优美。但疍家人的小船已经没有了，爷爷和母亲也不会像以前那样爱着我，再美的江河也缺少了柔情。

每当我回到家乡，漫步在熟悉的江边，儿时美好的记忆又会再次浮现。耳中又会响起那悠然的疍家咸水歌："五条彩虹舞滨江咧，你睇珠江两岸胜天堂呀咧。回首当年江边住呀呢，蜗居艇上似笼筐呀咧呀……"疍家人如果还在那该多好啊！

水之谣

曾楚涛

呵！洋溢于我们的世界

春夏秋冬的水

滋润于我们生命

细枝末节的水

让我们做一次这样的设想

把水从我们的森林抽离

从我们的花瓣与草叶抽离

从高山平原与村落

从欣欣向荣的城市

从河床湖泊与海洋

从空气与土壤

——抽离

让我们继续这样设想

让水从我们的茶与酒里缺失

从我们的桃李杏橘葡萄里缺失

从我们的粮食与药剂

从我们温柔注视的双眸

从我们创造美好的双手与走向未来的双足

从我们的心房和骨骼

——缺失

当然，如果我们善待水

水将与我们生死与共

如果我们爱它

它将与我们不弃不离

水：爱的呼唤

董烈梅

我喜欢清晨的运河，朝阳照射，波光粼粼，两岸垂柳依依，绿道上、广场上，晨练的、跳舞的人们，络绎不绝。我也喜欢傍晚夕阳如丹时的运河，红彤彤的余晖散在水面上，美妙绝伦，河水倒映着两岸红墙绿瓦的房子、郁郁葱葱的花草树木，还有一对对在河边散步的人儿，多么惬意、安详，那简直就是一幅绝色水彩画呀。我更喜欢夜晚的运河，特别是莞城运河的夜间景观，多彩迷人：华灯竞放，河岸上的照明灯、护栏上的庭园灯、护堤上的变色灯、护坡上的泛光灯、便桥上的艺术灯，交相辉映，形成五里长河流光溢彩的盛景。

运河，让我的心泛起了爱的情愫。运河水，是怎样的一个精灵啊，它让一切都灵动起来了。

曾几何时，运河，是一条你想避都来不及避让的污水河呢。记得那时和好友走在河边，混浊不堪的河水上面，好多漂浮物，一股难闻的气味迎面扑来。我们捂住鼻子，被什么驱赶似的，赶紧跑开。很长一段路上，都没碰到一个人影。我俩不禁感慨：什么时候运河能够河水清清，绿草茵茵，花香阵阵，歌声袅袅啊？

我不禁对运河心生痛惜。

东莞运河是20世纪60年代开挖的一条人工河，全长103公里，是广东省最长的运河。当年，这可是东莞人民用智慧和双手创造的水利工程上的历史奇迹。那时的河水虽算不上清澈见底，可也能洗衣、做饭。

改革开放后，因为发展经济，制造业、重工业的大量投入，工厂多了，两岸的居民多了，工业废水、生活污水、畜禽养殖业污水、淤泥、垃圾，都一股脑倾泻进运河。黑臭的运河，被人戏称为"黑龙江"。

水是一个城市的眼睛。

东莞，既然已经有了这双明亮的眼睛，怎能让它蒙尘被污？

让运河甩掉"黑臭"的帽子！整治重点污染源，强化企业污染治理。

还市民碧水蓝天。政府的主事者们也听到了运河水的呼唤。

2002年，东莞市政府开始铁腕治水。从那时起，1484项污染项目被拒绝，尽管它们能带来经济的增长，但它们更可能带来环境的污染。100多亿元的投入，污水处理厂和截污管网，构成一个良性的循环。"黑"运河终于开始华丽转身，部分河段已能看到青碧的河水。

运河的莞城河段，是东莞运河上最亮丽的部分，人们亲切地称之为"莞城运河"。它像一条巨大的绿色翠带，绕在莞城的腰间，而横跨在运河上的六座便桥，宛若六块巨大的碧玉镶嵌在这条翠带上。此时的莞城运河，春意盎然，诗意盎然。两岸，马路宽敞顺畅，楼宇鳞次栉比，商铺琳琅满目，汽车熙来攘往。这才是活力城市应有的活力景象啊。

站在运河边，我思绪万千。

正因为有了水，生命才得以萌发、延续，不断地进化，地球也就变得热闹起来。水，始终用慈爱的目光，默默无语地看着地球上的每一个生命。你用粗暴对它，你不爱惜它，到最后，它终会还你以颜色，让你吃不了兜着走。若你对它亲近，送行于它，它也还你以和颜悦色，还你以清波荡漾。

运河的前世今生，向人们发出了爱的呼唤，保护河水清清，还须从源头抓起。就像一个孩子的成长，如果你不从幼儿期、童年期、少年期抓起，一定要等他成人以后再去引导和教育，那后面又要花多大精力、多少心思，或人力、物力去改变和塑造他啊。

但是，生活中，又有多少人能明白其中的道理呢？

我不禁想起多年前的一件事。

那个夏天，我因为想提升自己而跳槽，到一家大型水处理厂应聘，职位是总经理助理。因人多，竞聘的地点被安排在一个较大的食堂。因为天气炎热，公司还提供了凉茶，桌子上还放有塑料杯、纸巾。应聘的速度很快，每两分钟一个人，一切有条不紊进行着。那几个考官一会儿相视一笑，一会儿又摇摇头，让人不解其意。

终于轮到我了，我微笑着走过去，看到红毯右手旁的水龙头在流水，地上有散掉的塑料杯、擦手的纸巾，我走过去，关了水龙头，弯腰把杯子和纸巾捡起来，丢进垃圾篓。

这时候，主考官迎上来叫住了我，问我为什么要这样做。我说，关好水龙头，地上有垃圾，随手就捡掉，这是很正常的事，没有很特意啊。

主考官用赞许的目光看着我，转过身，对所有应聘者说："这就是我们今天出的题目，我们公司所要寻找的人是一个从自身做起，从身边小事做起，并注重细节的人。可惜大家都没注意到。"

主考官给我们讲了一个故事，阐述为什么出这个题目。他曾经的好朋友是甘肃偏远山区的，那里严重缺水，人们喝水要到很远很远的地方去挑，一年难得洗几次澡。有一年天旱很久，庄稼颗粒无收，连喝水生存都成问题，别说洗澡了。他朋友亲睹祖父因生病、无水，嘴唇干裂，流下最后一滴眼泪而离开这个世界。他忽然间感到人是何等渺小、何等无能！面对那些生命垂危的生灵却回天乏力。他朋友说，这样的生命课一辈子只能讲一次。主考官说，"我们生活在大城市，肯定感觉不到水的严重缺乏和不足，看到有人随意浪费和无视它的珍贵，真的感到痛心。什么时候，我们国人都能有一种强烈的意识和责任感就好了。"

这次应聘的经历，让我的心里听到水的深情呼唤，也让我对水的感情更多了一层珍惜。

水，是哺育了地球上所有生命的乳汁。母亲只拥有给予我们生命的权利，而孕育我们成长、蜕变的却是水，可以说是水给了我们第二次生命。

生命，令人敬畏的生命啊！我痴痴想着，忽然，像有一滴圣洁的水滴落在了灵魂深处，我的心灵被一道亮闪闪的柔软而又强烈的光照亮了。我感到无限的喜悦。水，这平常的在生活中被人们不屑一顾的流物，能有这般力量将垂死的生命挽回，这就是水的力量！

享誉全球的日本江本胜博士，拍摄了一个水结晶视频——《水知道答案》，人类的心态直接影响水的性情和反应。你对它好，它就清澈、优美；你对它不好，它就恶臭、难闻。

我们要如何响应水对人类那爱的呼唤呢？东莞运河，就是一个很好的例证。

我又一次走到运河边，去感受那一份惬意与美好。

父亲母亲的节水情缘

刘泽环

那年的冬天特别冷，鹅毛般的大雪纷纷扬扬地下了好多天。树上、房顶上、马路上，全是白茫茫一片。这样的天儿，人们更愿蜷缩在家里。

母亲躺在病床上已经八个多月了，因为要过年，父亲才和大舅把她从医院里接了回来。

那年6月12日，母亲因为要给我们准备下一学期的学费，给圈里的猪搭建凉棚，从十几米高的白杨树上掉了下来。经过一天一夜的抢救，命是捡回来了，可右边大腿却摔折了……

母亲的腿接好后，父亲慢慢学会了给母亲伤口拆纱布、消毒、换药。母亲每天依然是躺在病床上不能动弹，但却让清冷已久的家暖和了起来。连大半年都没怎么笑过的父亲，不知什么时候，嘴角也渐渐浮起了笑容。

"喂，哪里……西十字？……嘿……嘿……主管道挖开没……这么严重……这一带停水没……这个……"父亲吞吞吐吐着。

"怎么了？是水管爆了吧……不行了去看一下吧！"因为白日里上班的上班，上学的上学，家里就剩母亲一个人躺在床上，为方便她应急，父亲特意安了个座机，放在床头柜上。

"是西十字那边……说是正街中央，主管道爆裂了，水花四溅，有好几米高，现在路面上都过不了人了……"父亲捂着话筒，有些犹豫道。

"这要浪费多少水啊……那还磨蹭什么！快过去看看啊，大过年的……"母亲一边双手用力试图慢慢坐起来，一边催促着。父亲也赶紧伸出右臂搭个手。

"喂，那……你们先联系小雷，让他拉几个懂点安装的散工过来，我先去总部关水闸，随后就赶过来！"说完，父亲匆忙挂断电话。

"去哪儿啊，去哪儿啊，不是马上要吃团圆饭嘛，大过年的！单位那么多人，非要找我爸？什么意思嘛！又不是不知道我们家的情况！"大姐闻声过来，倚着门框气呼呼道。我跟弟弟也跟了过来。

"老大啊，不要用这样的口气跟你爸说话！西十字那边现在已经是水流成河了，白白流了多少水……厂里安装队的员工大多都回老家了，这留下来的……这闸门啊，也就你爸最清楚了……行了，行了，别磨蹭了，快去吧！"母亲靠在床头，拽拽父亲衣角，催促着。

"再说了，你爸是安装队的队长，关键时候队长不上，谁上？这水一停，可不是一家两家没水用啊，整条街呢！大过年的……没关系了，我们等你爸忙完再吃团圆饭就是啦！"母亲看着我们一脸的沮丧，安慰道。

听母亲这么说，道理归道理，但我们姊妹仨心底却多少还是有些失望：大过年的，我们不过年吗！

"那，你们三个看好你妈啊，饿了先吃点其他的垫个底儿，我忙完就立马赶回来啊！"父亲忙摘下围腰，换上皮鞋，骑上车子，一阵风似的就出了门。

窗外的雪不知什么时候停了，但大地全被雪白包裹着，整个就是冰冻星球。我们围坐在母亲卧室的火炉旁，一边嗑着瓜子，一边陪着母亲打牌。

谁承想，父亲回来已是夜里10点多，窗外已不时听到有人在放跨年夜的烟花爆竹了。一进屋，只见他浑身上下湿漉漉的，头上还挂着水花。

"快，快，快让你爸过来烤烤火……老二，快去柜了里给你爸拿件厚衣服来换！老三，拿毛巾，快去倒盆热水过来！老大，可以去炒菜了！"母亲边招呼着父亲坐下，边吩咐着我们。

屋内火盆的火正旺着呢，猩红的火苗随着透过窗户的寒风来回跳着舞，映得偌大的屋子暖烘烘的。

"我说，这么冷的天儿，你怎么还下水了，都40多岁的人了！不是有年轻小伙子嘛！你看看，身上都冒白气儿了……"母亲心疼地责怪道。

"没事儿，没事儿！你不知道啊，那个水管啊，是硬生生地给冻裂了。小雷他们把新管道移下去后，我不也得下去亲眼看着他们安装啊。这一节管道都好多钱呢，细节上稍不注意，那可不仅仅是浪费水的事了……还有啊，这运上来的旧管道，我仔细看了看，到处都是裂缝。也是啊，都十几年了，老化了。开年后啊，我打算给总公司打报告，把这批老化的管道都给换了，总不能出了问题再去忙乎。"父亲一边换着衣服，一边跟母亲絮叨着。

没过多久，大姐也拾掇好饭菜了。父亲把厅里的餐桌搬到母亲的床边，我跟弟弟也忙着端菜拿碗筷，家里已好久没这么热气腾腾过了。

这大概是我记忆中唯一深夜吃年三十团圆饭的，却也是最刻骨铭心的一次。

如今，父亲母亲已60多了。岁月虽偷偷销蚀了他们的容颜，却带不走他们身上固有的一些东西。帮大姐带完孩子，又帮我。上个月离开东莞，又去帮弟弟带孩子。为此，我们很是过意不去，他们却说，反正闲着也是闲着。

辛苦了一辈子，也勤俭了一辈子。他们的这种品质不仅影响到我们，就连6岁的儿子都深受影响。不知从什么时候开始，小家伙洗完脸，总会笨手笨脚地把盆子里的水倒进旁边的桶里；也不知从什么时候开始，上完厕所，他也会学大人的样子，用水瓢舀桶里的水来冲厕所。就连一向豪爽惯了的老公，也会把洗衣服的水存起来冲厕所。

母亲说，但凡一个人懂得了勤俭持家，大抵也不会过得太差。父亲则时常把"勤俭是美德"这句话挂在嘴边。有赖于他们的熏陶，我们姊妹仨从小都比较懂事，能吃苦，懂感恩。三个孩子，三个大学生，弟弟还一口气读到了博士后不能不说二老教子有方！

小到用水节水，大到为人处世，我为父亲母亲是自来水公司的一员而自豪！

父亲的渔竿

古颖芝

以前，父亲有一把很好的渔竿。

孩提时代的我，总爱抚摸父亲的渔竿。在小朋友的眼里，这把渔竿是如此神奇：渔竿又直又长，既可以伸长，又可以缩短，把线一抛，好像对岸的东西也能钓回来。当然，我最喜欢看到的，是父亲拿着渔竿，因为这意味着，我也可以跟父亲一起到江边去了！父亲撑起遮阳伞，坐在小凳上，他就这么坐着，整个下午整个下午地坐着，只有鱼儿上钩或者看我走远了才稍微动一动身子。我问父亲："爸爸，你这样坐着不闷吗？"父亲没有看我，眼里仿佛尽是奔流的江水："不闷啊，吹着江风，看着这么清的江水，人更加舒服。"我呢，来到江边，自然是少不了玩水的，玩着玩着，我还能看见水中哪里有鱼，大声地喊道："爸爸，这边有鱼！"父亲却紧张地"嘘"一声，示意我不要再把鱼吓跑了。在五六月份，我更是央求着父亲带我去江边，因为在沙滩上，我可以挖到蚬子，一个两个三个四个……直到我的小桶再也装不下了，我才依依不舍地回去。这时候，父亲一手提着我的小桶，另一只手提着自己钓鱼的"战利品"，自言自语道："住在江边就是好，水好、鱼好，连蚬都特别多……"

后来，父亲收起了这根很好的渔竿。

父亲具体是什么时候把渔竿收起的，我记不清了。只记得，父亲本来每个周末都带我去江边的，慢慢地，父亲越来越少带我去了，我也越来越不喜欢去了，因为我越来越难看清水里的鱼了，父亲能钓到的鱼越来越少，江里面的垃圾越来越多，风一吹，味道越来越难闻了……

有一次，母亲蒸好了父亲好不容易钓来的鱼，她夹起鱼吃了一口马上就吐出来了："这鱼不能吃了，有很大一股电油味。"当时的我不知道什么是电油味，但这条难以下咽的鱼成了童年的我和江边最后的联系。

现在，父亲擦亮了这根很好的渔竿。

自从不钓鱼之后，我总觉得父亲的周末变得单调了，很多个周末的下午，父亲都是在呼呼大睡中度过的，我只有在父亲短暂起床的间隙，在阳台上看到他抽烟的身影。我们家的阳台正对着江边，父亲之前就开玩笑道："我们住在望江楼。"我不知道，不钓鱼之后的每一次望江，父亲看到的景象会不会有什么不同。

直到又一个周末来到，我赫然发现，父亲手里拿的不是烟，而是那根尘封多年的渔竿！还没等我发问，父亲就说："我准备去钓鱼了。这几年江边的环境总算好了一些，那些什么非法采砂、电鱼的船都少了。我今天出去，就是想看看还能不能钓到鱼。你要不要一起来？""好呀！"虽然我已经长大了，不再是那个屁颠屁颠地跟在父亲身后的小女孩，但我也想到陪父亲到江边去看看。

父亲就像我小时候一样，又撑起遮阳伞，又坐在小凳上，他就这么坐着，整个下午整个下午地坐着。不同的是，他的女儿已经不用他担心，他的女儿就站在他身边。我们父女俩看着这江水，偶尔看到了鱼影潜浮，我们相看示意；不时吹来江上清风，我们会心一笑："江边就是这么舒服。"

夕阳西下，我们乘兴而回，一个小女孩边笑边跑，与我撞了个满怀。是呀，我该买渔竿了，也许在不久的将来，我就能带着我的孩子来江边了！

观生命源于自然·萌健康来自环保

尹东成

曾听过一首歌，唱者虽名不见经传，但歌词却给了我很大的震撼，歌名：
《龙吟虎啸》，歌词试录如下：

一条巨龙在天空中翱翔

它左右张望在寻找安居的地方

它翻过东西又看看南北

为什么到处看不见清澈的水

一只猛虎仰天在长啸

它带着悲凉带着怒吼

光秃的山上看不见多少树木

哪里才是方安身之处

龙吟虎啸告诉世人们

告诉世人

绿色的世界才是人们的去处

我们的天涯不要再染污迷雾

我们的地呀不要再到处流污

迷惘的人们不要再射入气毒

醒来吧，梦中肆欲妄逞的人烟

龙吟虎啸告诉世人

告诉世人

绿色的世界才是人们的去处

每当听着这首歌，我便久久不能忘怀，脑海里浮现出一幅幅沧桑悲壮的画面……

大自然的飓风、暴雨、暴风雪、沙尘暴、洪涝、干旱、虫害、酷暑、森林大火、地震、海啸等灾情每年皆不期而至。有人说，没有人类，自然也会发生，这是不可抗力。也许是吧！地球的生命固然有它运行的规律，但很多情况下，我们人类其实也在剥夺自我的生命！

现实是如此之残酷，我们一面赞叹大自然的雄浑博大，一面狂妄地征服着自然。工业发展了，空气污浊了，日益增长的二氧化碳排放导致温室效应的不断扩大，继而冰川融化，水位不断上升，各地频发地震洪涝灾害……大自然给我们展示的"伟力"不能再视为教训，而应视为最后的警告。我们用毁坏自己星球的容颜和盗用地球母亲的资源来换取经济的畸形高速发展，这是何等短视！

昔日的美丽如今满目疮痍，沙漠面积飞一般扩张，无情地吞噬着绿色的植被，日夜嘈杂的伐木声啃食着森林的面积，为了创造，为了发展，带着罪恶的微笑，带着发冷的钢刀……忘记了祖先的朴素与真诚，忘记了大自然的和谐与平静，最终洪水咆哮了，暴风怒吼了，席卷了没有绿色的大地，剩下了那块倒在一边的"保护环境，人人有责"的木牌在冷笑……

地球宜居之年轮，因人类的粗野开发而变得日益缩短，而人类活动的本身也变得更紧张、更不自在，有些人甚至产生末日狂欢式的想法——过把瘾就死！全然不会顾及子孙后代的可持续发展……

五百年间沧海桑田，曾有一个视频在网上流传：当人类文明停滞后，五百年间，地球原生植物基本上可以覆盖于其上，如果还有后人的话，只有通过挖掘考古才能考察出当年或曾有过的痕迹，更远一点的时间，地球可以将昔日文明一一还原净化，以至于了无痕迹，直至下一个生命、文明的诞生，这便是地球的真正伟力所在！因而地球以往是否存在曾经先进辉煌的文明也未可知也！如此，只想说明一点：地球本身并不一定要向人类这种高等动物倾斜，在它眼中，所有生物（植物人物动物）都是一样的，众生平等！而只有人类试图利用自身的努力去改造自然，想象成为地球生命的主宰。但哪位先知又能预料到人类还能在这个地球上生存多少个百年？改善生存，只是为了延缓灭亡的时间啊！就我个人而言，我宁可说自己是地球毁灭者，也不敢吹嘘自己曾为环保做过多大贡献。我认为，在这个人口已经成为极大多余的星球上，任何人的出生本身就是对环境的潜在威胁。成长、消费、制造垃圾，可以说我们每个人都对世界欠下了一笔债。欠债还钱，理之固然。那么我们做环保，就没有理由去骄傲，甚至去抵制，只能说是在恶劣的环境中痛苦太久之后的良心发现，是因为大脑思考完善了、提早清醒了，摆脱了幼稚、野蛮、粗鲁之后来偿还愧对大自然的这笔债！

我很恨自己，对于铺张浪费，对于垃圾没做好分类，对于不可降解饭盒、一次性筷子，对于汽车呛人的尾气，对于工厂喷出的黑雾，对于运河里流淌着的黑浊的臭水，淤积的污泥散发出令人窒息的气味，对于脏水池里漫天飞舞的蚊子，肆意地传播登革热，猩红热什么的，对于人车杂行的中国式过马路、令人胆战心惊的冲红灯车辆，对于建筑工地上震耳欲聋的机器轰鸣，对于路边树木的毁坏，对于塑料袋的滥用，对于吸烟，对于胡乱修路，对于江河排污等，我是深恶痛绝的，但我没有勇气去阻止、去劝说，我只能偶尔口诛笔伐，写些笔墨文章，发泄一下愤懑！我收集了几大袋的塑料袋，我收集了一捆捆背面还可以打印的打印纸，我把废旧的电池放进了学校的电池回收桶，过了一年半载，我也不能监督它们能不能被顺利回收、还有学校饭堂，剩饭与纸巾、塑料袋始终是混在一起倒进潲水桶的，我为那些将要吃下这些潲水猪食的大猪小猪们感到悲怆，我后怕有一天，我们从猪肉里吃出一块需要一百几十年才能化解的塑料袋出来！不能制止去改变，我觉得自己真没用，这还能算是对环保有贡献吗？校园里垃圾分类，我们只是一句谎话吗？天天教育学生养成良好的学习与生活习惯、树立对人、对自然的崇高品德，可是，"良好"习惯却总在我们大人身上生根发芽，苗壮成长了。

　　我觉得忽视环保的人都没有把环保当作一种切身利益，没有把环保真正当成一种责任。我们需要严肃地环保、认真地环保，甚至泪流满面地去环保。这样，我们才不会一面高呼环保，一面就把塑料袋、饮料盒随手扔在路边；或是把树苗从一个地方挖来，再随随便便埋到另外一处，之后看着它慢慢枯死、痛苦死；那条路挖了又挖，没有了规划，到处烟尘滚滚，漫天迷蒙……随着PM2.5热词的兴起，灰霾天频繁地降临，最为廉价又最为重要的空气中竟然带有有毒微粒?！这样人们开始关心空气质量了！放眼全国，黄土高原上的大山脊梁仍裸露在炽热的烈日下，干涸的河床伴着半秃的山峦，城市的上空逐渐积着厚厚的尘埃，乡村道路上依旧布满了泥泞，漫天的风沙离我们越来越近，清凉健康的河水离我们却依然很远很远；我敬爱的首都北京啊，竟然被灰雾阴霾气势汹汹地侵袭，辉煌的建筑物都饥渴地等待着滴滴甘霖的冲洗……

　　一边建设，一边毁灭！实际我们每个人都在为毁灭而努力。我们要吃饭，于是大片森林草原被开垦为良田；烧荒烧荒，越烧越慌，沙漠化由此开始。我不敢想象，我们每天成吨成吨的生活垃圾被推向大自然的怀抱，要怎么处理好？烧还是填？都离不开我们这个地球，废气还是被人类自己吸纳，究竟废气可不可以过滤恢复到清纯呢？我不敢想象！人类单位每天发放的缺乏保存价值的程序性文件、冗长的文字文稿等硬要攀上我们的树木、树叶、树浆、纸张，是否可以让电子化办公不要成为一句虚话呢？人类用自身的聪明才智，自造核武来自己恫吓自己，到了最后谁也不敢大声放一下"屁"，都是大声在恐吓（只有美国为了试验一下威力，在日本放了两个"屁"，小日本吓得马上缴械投降了）但是，不可否认，越来越多的国家拥有了这个"放屁"的能力，这样，核武越积越多，仓库放不下，最后恐怕是自己气爆了自己，真的不敢想象啊！人类这个怪人，在改善着自己生活条件的同时也在消耗着自己的生存空间，消耗着一般人都不考虑的身后事的问题……

在生命面前我们应该感到敬畏，敬畏自然，就是敬畏生命！这是老祖宗留下给我们的训诫："天人感应、天人合一、道法自然。"可是，子孙们现在却把这些至圣名言、宝贵的生存遗产抛到九霄云外。而我们却实实在在地时刻感受到健康在受到威胁，我们正在自己毁灭自己，但要在健康面前我们才感受到了危机，是不是太迟了呢？要知道，拯救的努力在毁灭面前实在是太脆弱了。几十年甚至几百年长成的林木只要几把电锯就能剃得光秃秃；而辛苦经营的美丽田园只要几枚导弹就会炸成乱葬岗！毁灭的潜在欲望，很多人都有，但一旦膨胀起来，后果不堪设想，例如战争，发动者总有冠冕堂皇的说辞，战争以武器毁灭人和建筑物的手段予以实施，且不论正义与否，至少、至少它的行动有违环保吧！呵呵！

还是要做一些呼吁：给子孙后代留一点吧！这对于人类的每一代都适用。留一把驱寒的柴火；留一汪清澈的泉水；留一捧果腹的稻米；留一些温纯的动物；不要为了一把折扇，砍伐掉整片树林；不要为了一件皮衣，枪杀万千貂羚；不要留给后代一个个掏空了乌金的深腹黑洞；不要留给子孙一座座捞尽了鱼虾海贝的死海深潭；不要尽把钻石、黄金挂在胸前，我们还要吃饭；不要把动物关进笼中，没有了自由，猛虎雄狮也不过是一堆行尸走肉；不要涂抹大自然太多的颜料，蓝天白云，绿水青山，才是大自然赐予我们赏心悦目的礼物；春杜鹃、夏芙蓉、秋黄菊、冬蜡梅，是生命之花绽放的美丽乐章，给我们的祖国母亲披上绿装吧！不要让她衣衫褴褛，我愿将一棵小树植入山峦，我愿将一尾小鱼从我指尖游向河塘，让我们的天空清澈碧蓝吧！我愿做一只风筝与白云相伴，让工厂的浓烟不再遮天蔽日；让黄河的泥沙不再倾泻入海；让烟煤粉尘不再漂浮在城市的上空；让农药化肥不再使土壤含毒板结；让这么多那么怪的污染生活的化学名词远离我们并不熟悉的脑海……让冬天飘着洁白的雪花，让秋季的田野一片金黄，让春天枝头的鸟儿欢唱，让夏日荷塘的月色泛起波光；让沙漠不再成为不毛之地，让洪水干旱成为神话中的传说……希望不会领略到这样的幽怨意境："千山鸟飞绝，万径人踪灭。"希望我们这颗蔚蓝色的星球不会像水星、金星等一样，徒有一个美丽的虚名而实际荒凉冷寂，了无生气！

葡萄牙人流行这样一个说法：一个人一生要做三件事，生好一个孩子、写好一本书、种好一棵树。我觉得他们说得很对，对自然的关爱与重视，也就是对生命后代的爱惜珍重，是值得我们学习和颂扬的。试问茫茫草原，令人感叹的那一望无垠的嫩绿；那浩瀚荒漠中顿生的一处沙洲里的一汪清绿；莽莽森林，令人折服的那充满神秘的墨绿；巍巍青山，令人憧憬的那引人入胜的深绿。绿色永远是生命的本色，是心的乐园，是思想的源泉，是梦想升起的地方。生命源于自然，健康来自环保，我想，这就是我们绿色的梦想和绿色的希望吧！

水精灵的悲哀

水　问

黄爱涛

"汝看此水，甚清。"

"然也，此水乃余村人命之源！"

……

吾徐徐开眼，望此世间萧条，又做其梦兮。吾流也几矣？五十年？一百年？不忆矣。尤记初之小村，负者歌于途，行者休于树，前者呼，后者应，伛偻提携，往来而不绝。鞠吾为茶，以吾酿酒，浅杯茶，满杯酒，酒醉英雄，茶痴进士。落花纷飞，随吾远逝。破晓，初升之朝晕，半掩于杨柳之间，倾泻光辉，映在吾上，至夜，将圆未圆之月，淡掩于灰云之间，田野中，若起朦胧，萧然于草木之间，吾之清光，漱柔和之夜。

尤记当年乡下人家，田地荒芜，颗粒未收，他村乡人，惶惶不安。唯吾村之民仍悠然自乐。因其有吾，其以吾之水灌溉农田，田地肥沃，硕果累累，麦子金黄，不必忧于粮食。粮足，则人心安；人心安，则百姓乐；百姓乐，吾亦欢焉。

而今，众人为己之私，高楼耸，苍穹灰，空气污，不思量。灰霾蔽日，不复有光洒于大地；至夜，天唯有无疆之黑，不复有其皎月，余亦不复清澈。思昔日之鱼虾，早已被贪婪者掠去。人以污秽随手弃于吾，吾只能默默承受，却无还手之力。痛心之余，吾尝反抗人之愚昧，尝激起巨浪，诉己之痛、己之怒，而人们痛定不思痛，将工业废水恣泄依旧，将吾变之浊臭。

人变之贪、嗔、痴、慢、疑，何哉？可为一己之私，置环境万物于脚下，念天地之悠悠，独怆然而涕下。

遥想当年，人们笑靥如花，鞠吾之水可饮；而今，人们麻木不仁，临于我，避之惟恐不及。吾乃生命之源！一周无吾，人则虚；一年无吾，国则损；百年无吾，将如何？人夜郎自大，视己为万物之主，却不知惜吾，岂非自取灭亡？人解渴、运动、沐浴、浇花，何处不求水？其欲自断其后路乎？其可知世间有多少人与吾无缘，视吾如圣？又可知有地下水贵甚黄金？然其无动于衷，视水为无限存在之物，挥霍无度。

人谓三分陆，七分洋，然七分洋又有几分可用之水？

今日，吾国正临淡水饶乏之势，水透支之忧，举世皆然。生命之源予以万物之求，固然无私。吾虽无私，然费水之人亦比比皆是。水之稀缺，迫在眉睫。

节水已为全球大事，吾国可饮之水寥寥无几。水如此之珍，人却挥霍无度，岂欲终之水为人之泪？

望此无尽之暗，满天灰霾，吾心哀之。喜有智者多思虑，惜吾如金。然仍有自私之人挥霍无度。

惜吾矣，自私之人。改过自新，珍惜吾等，犹未晚。尔等留于地球之伤已深重。不复弃污秽予吾，不复将工业废水恣泄！愿尔等不为水而忧，更不为无水而悔，为了尔等之未来，请惜吾焉！

贪之人，速觉悟！汝费之，或为旁人欲求之，从今起，惜水自尔等做起！

吾乃水，乃生命之源，吾命将休矣，吾问："惜水乎？"

（东莞市塘厦初级中学）

水不知道，我们知道

董　鑫

窗外一片黑暗，只能听见雨淅淅沥沥地在偌大的校园里敲敲打打，排遣内心的寂寞。教室里的时钟平稳走着自己的节奏，还有两分钟就要下课了，我合上未做完的作业，伸手进书包里摸索雨伞。

"丁零零……"我赶在同学前面，快步离开了教室。穿过操场，我来到学校小商店，没想到这里已挤满了学生，他们和我一样——都是来买水的。在混乱和嘈杂中，我终于胡乱拿到两大瓶矿泉水，排队去付账，看着源源不断从门口进来的学生，我暗自庆幸，也不禁讶异：生活在东江边的我们，有一天竟需要像抢一般购买水，到底为什么？

这是我在学校第一次遇到停水。

停水前老师会通知我们，我们就会去买水，储水，备以次日使用。有的人习惯不好，用水总是浪费，往往在来水之前，他们的水就会被自己挥霍光。于是我们就会见到一群无比焦急的学生把桶放在水龙头下，不安地等待着，傍晚时分，水龙头突然剧烈地咳嗽，接着，是水落入桶底的声音。一时间宿舍楼爆发出欢呼雀跃的声音，但很快会归于平静，因为此时的水是混浊不堪、无法使用的泥沙水。

学校坐落于茶山镇，而我的家在东城，从家到学校约莫十公里的路程中，我必须经过一座老旧的水泥桥。桥上有货车来来往往，装扮不一的行人伫足眺望；桥下，是寒溪水的一条狭长的支流，终日缓缓流淌。我极少会在这里停留，因为桥下的这条河流污浊漆黑，如果天气炎热，一股恶臭就会随着水汽绕旋而上，弥漫在单薄的桥面。许多次我踩着自己的单车奔向对岸时，会不禁向下俯望，心里定会生出一种恐惧，水如此浑黑，万一我意外跌落下去，即使我再会游泳，也找不到岸在哪里吧。

下雨的时候，黑色的河水会变得灰黄，上涨，吞没部分堤岸。天空中电闪雷鸣，云层聚集着，将光线变得白暗，雨滴不停地跳入河中，河流会逐渐变得湍急，我躲在宽大的雨衣里，感觉一切轰轰烈烈的声响，都像是申诉和质问，随着四周充盈着的水，让我的灵魂战栗。于是我加快了速度，我想逃，可是能逃去哪呢？我拐入堤下的一条小路，路的一边是高高的河堤，另一边是化工厂，我飞快地踩着，汗水模糊了双眼，雷声还在，雨声依旧，我怎么知道，那排气扇放出的气体，是否凝成了魔鬼酸雨；我怎么知道，脚下这条看似平坦的路里，有没有罪恶的管道，在偷偷呕吐着污染物。

本地的好友告诉我，寒溪水是从观音山流下来的。我笑着摇了摇头，如果它真是从观音山而来，为何我感觉不到一丝圣洁之气？他没有辩解，只是淡淡地说："湘西人，你故乡的水，现在是什么样呢？"我一时语塞。

其实水的问题一直都在，只不过我们很幸运，我们在校园的围墙里，不用担心会缺水用。但看不见不代表它不存在，你光闭上眼睛，是无法阻止悲剧发生的，你应该勇敢地去了解、去行动。

每当我看见身边的同学毫无节制地浪费水时，脑海里就会浮现出荒漠、烈日、干涸的河床、无助而渴求的眼神，我实在找不到任何一个可以肆意对待水的理由。我们有条件在浴室里把澡冲了一遍又一遍，而有的地区的人连一日最低的需水量都无法得到；我们可以用自来水大面积地灌溉花草，可有的地方的作物常年干枯在田地里。海子写道："给每一条河、每一座山，取一个温暖的名字。"但有很多小河，还没拥有自己的名字就永远消失了，这怎么不叫人惋惜痛心？又如何不使我们警醒？

校园的男厕所里，小便池上的冲水器终日不停地放着干净的水，而水阀就在一旁，谁都可以去关上它，但很少人会费劲地把它关小，很少人不会在意这看似微小的浪费。可浪费不分大小，节约水资源，就得从小的细节处做起，从个人做起，从顺手将惊人的水量调小做起。每次我费力地把水阀关上时，总会把手指弄得通红，但我的心里是快乐的。一些小事不起眼，却需要我们注意和重视，未关上的水龙头、等待劝阻的浪费行为、损坏的水管……我们看到了，就应该付诸行动，这是城市里每一个人的责任，更是我们年轻一代应具备的意识。

前日下午，阳光正好，我骑着单车顺着蜿蜒的河堤一路向东，河面显得平静，像熟睡的孩子。耳机里放着悠扬的田纳西州的英文民谣，我不紧不慢地骑行，想寻找青鹤湾水的故事，堤上的路确是红土，还没有铺上水泥，坑坑洼洼的，也许受过很多伤，岸边有大片的草莓园，在堤以下，郁郁葱葱；有古老的榕树林厚重而立；有低矮的民居，鳞次栉比。我一直前行到夕阳柔和时分，方才停下车来。这时，一老翁提着木桶和渔竿，从堤下的河滩健步走来，我摘下耳机，迎上前。

"老人家，今天钓到鱼了吗?"

"没。"他友善地朝我摆了摆手，没有掩饰眼底的失落。

"这种河水里能钓到鱼吗?"我再次问道。

"能！怎么不能，当然能啦……"他从我身边走过，自信地答道。

"那以后呢?"

他怔了一下，接着若无其事地向前走，看着他落寞的背影，我不敢追。

我骑单车回家的时候，夜色已涂满黄昏，耳机里放的不再是民谣，而是迈克尔·杰克逊的"Earth song"：

What about the days

这个时代怎么办呢

What about all their joy

他们所有的欢乐呢

What about the man

人类呢

What about death again

再次灭亡呢

Do we give a damn

我们真的不在乎吗

……

"以后的日子里，这条河还能钓到鱼吗？它还会像今天一般混浊吗？还会有小河无声地消失吗？"我面对水面轻声发问，水静静的，没有回音，水不知道答案。

但对于从此刻就开始行动的我们而言，应该知道。

〔东莞市光正实验学校高二（26）班，指导老师：高海燕〕

湖水过滤实验观察日记

张馨悦

今天，我去大朗参加雨水循环利用的环保活动，进行了一个过滤湖水的实验。

上午九点左右，在环保老师的带领下，我们来到了湿地公园的湖边。我们被分为三个实验小组，进行了任务分工。准备好过滤材料，这个实验共有五层过滤，材料分别是鹅卵石、沙子、石英砂、活性炭和滤纸。

开始做实验了。我们组首先在每个花盆里放一张滤纸，再把材料分别倒进不同的花盆里，滤盆的准备就完成了。有个叔叔去湖边打水，我们按过滤顺序依次端稳自己要拿的滤盆，一层摞着一层，就像筑起了一座高楼。从下往上摞起，最低层是储水盆，装着厚厚咖啡滤纸的滤盆架在储水盆的上面，第三层是黑色的活性炭滤盆，第四层是白色的石英砂，第五层是沙子，顶层是鹅卵石滤盆。开始倒水啦！我观察发现，不同材料的空隙不一样，水流通过的速度也就有所不同。哇！刚开始的时候，水流得好快呀！"哗哗哗，哗哗哗！"快速流过石头，像瀑布一样。然后流入沙盆，水流变慢了一些，再流入石英砂。有个小妹妹兴奋地喊道："到活性炭了，到活性炭了！"我们顿时觉得胜利在望。但是流到滤纸时，水忽然停步了。我仔细一看，啊！滤纸像久旱逢甘露的大地，如饥似渴地喝着水，又像一个温柔的女孩细细品味着水。有几个队友趴在草地上，目不转睛地盯着那空空的储水碗，我们的心情都很紧张。过了五六分钟，几滴清澈的水滴了下来。"成功了，成功了!"虽然只收获了小半碗不到的净水，但我们还是兴奋地高呼起来。

我们看见收集的净水那么少，所以又摞起滤盆，多加了一桶湖水继续过滤。结果，因为这些新倒入的湖水，倒水时的速度太快，未经过过滤的湖水直接流入了储水碗，我们第二次的滤水实验失败了，我们感到万分失望。我奔向另外两个实验组，观察他们的实验，找出了我们组失败的原因。

通过这次实验，我了解了水的过滤过程，还明白了做人做事要守规则，不可急功近利，过于急躁。漫长的滤水过程，纯净的水真是得来不易，这不禁让我想起日常生活中的用水。我们在日常生活中饮用和使用的都是净化后的水，却往往是珍惜不足、浪费有余。妈妈告诉过我，生活中有很多水是可以循环利用的。比如：洗完衣服的水，可以拿去冲厕所；淘米的水可以浇花；雨水可以净化后洗手、养鱼、游泳、灌溉、发电等。妈妈说："水是我们的生命之源，我们要节约用水，珍惜水资源。"年幼的我对此还是有些模棱两可，但我知道这其中必然有其道理，就好比我所做的湖水过滤实验，费了好长时间，最后得到的净水却那么少，你说该不该珍惜呢?

〔莞城英文实验学校三（8）班〕

114

味　道

郭映雪

　　"说水，常将其与春花秋月之事相连，说什么银河之水隔牛郎织女，西湖之畔阻苏小小情郎之油壁车，而红叶题诗，绵绵流水又泄露了宫女们的心思。仿佛这一床水比人更有了人情味，人们渡船，水渡岁月……"

　　她第一次读到这段话，是在老家河畔边奶奶的青瓦房里，日子有些老，溪水清洌，那时，厨房里会不时传来"啪啪"几声清响，而后又归于平静，她知道准是条鲫鱼死了。至今她也记得家乡鲫鱼的味道，那是用纯净的山间溪水烹饪出来的鲫鱼，其鲜甜总让人久久回味。

　　家里局势紧张，父亲忙于解决镇里那条困扰着村民的狮子洋支流，民众频频投诉，却也正巧市里吹响剿劣攻坚战的号角，虽说实是分内之事，但本就稀缺少睡眠的父亲最近愈发消沉，眼窝子扎深得活像个北欧人，她不禁将对水前途的担忧转移到了对村民的不满之中，如此，也无心于读物了。

　　她知道这条江水意味着什么，也知晓待水为生命之源一说。所谓一方水土养一方人，她又何尝不是这狮子洋的次子，与鱼与蜉蝣共生。然她知，没有什么事情是可以人定胜天的，一宵冷雨后，曾经的稻田铺金，蕉林滴翠，蔗海流蜜也已不在，更无论几年前在河口对岸开了化工厂，违规现象接二连三，待政府重视起来时，河面已有《死水》里所言那番"铜的要绿成翡翠，铁罐上绣出几瓣桃花"的景致，虽说这话过分了，但她再也吃不上大伯从河里捕来的新鲜鲫鱼，只得花钱买市井里从别处运来的 17 元一斤的冷藏鱼，那鱼的味道也是让人唏嘘。

她还依稀记得也是在那天，母亲在饭桌上谈及家用水费上涨时，父亲出奇安静地嚼着饭不争，但她分明瞥见其父眉心一蹙，只好止住了母亲："在中国，家用十加仑自来水平均才收二十元，与七十四瓶半升装的瓶装水总水量一致，人们却往往忍心在便利店花三千倍的钱购水，如此思之，何须怀怨，不如多多节约用水，毕竟木无本必朽，水无源必竭。"

少有的发声，似乎一语道破了什么，父亲舒了舒眉间的纹，望向她，第一次认可地点了点头。

五月人倍忙，说的不止是农民，黄发垂髫，壮年粗汉各有各的心事。而那个月，父亲忙着在河域之上组建两台清水泵水机。然而在资金与人手的双重稀缺之下，绞尽脑汁不得法的父亲只得走上上计——便是众筹镇里人的资金，以己之力善己之事，也正所谓"上帝救自救者"，却也当真是成了，在短短的两个月后，仲夏暴雨频发之前。

成了，治水效果之显著让当年镇上人民收获颇丰，"小康镇"人民对父亲润色有加，说他是知识人，有远见，可谓有口皆碑。但只有生为其女的她知晓，父亲是如何从芥蒂丛生处走来，是的，那两个月家中常常有宾客入席，为了筹得资金，本性固执的父亲降下了身段。或许他人不知，父亲在如此泥泞环境中工作却毅然放弃为自己买保险，为的只是留多些备用资金用于河水检测。人性似水，似水人性，恰如其分。听大伯说父亲还把部分资金投入到鲫鱼养殖上时，她惊喜有加，当然这已是后文，鲫鱼是什么味道呢，她似乎早已忘记。

感动人物的事迹她所听不少，大多异曲同工，直到意识到身为镇里水质管理局长的父亲是其一，方知最苦最累之人只要心间能开出奉献之花，此苦皆是为未来造的福，而好人会有好报。

《淮南子》中有言："天下之物，莫柔弱于水。然而大不可及，深不可测。修极于无穷，远沦于无涯。息耗减益，通于不訾。万物弗得不生，百事不得不成。富赡天下而不既，德施百姓而不费。"似在写水实则写人，她认为此乃大智慧，善哉。

如何治理"水"这一难题她自然是不懂的。"那时，治水的三维荧光光谱技术还得涉及计算，是最大费心思的。"父亲嘟囔完，便顺手操起了筷子破开鲫鱼的皮，鱼皮包裹着的浓汤渗入盘底，汁水又从肥美的肉里溢出，可谓美哉。

微抖，入口，闭眼，是——那久违的味道。

〔东莞市光正实验学校高二（26）班，指导老师：高海燕〕

渔　家

蔡筱晴

　　风带着一丝的玉兰花香，柔和，温驯。走在水库旁的小道上，在知了声声欢唱中，欣赏着落日的余晖与水一起跃动。

　　"还有鱼吗？"不知是谁，打断了美妙的音乐。

　　"有。留了几条。"渔家从水库中央划到了边上。慢慢地划着，生怕惊着附近的鱼儿，那船桨掀起阵阵涟漪，避开小亭，拴住小船。顺势拿出水盆里的鱼，不大。但那鱼鳞在黄昏下显得惬意，眼里的珠儿还在好奇，时不时扭下尾巴。

　　"小鱼好啊，也不多了，过了几天又没喽！"渔家转身过去，打开音乐匣子，放着客家山歌。脸朝着另一边，只留下了一个孤单的背影，从嘴里吐了一口烟气。眼神充满了忧伤。"剩下的30拿走吧！"没有多说一句话。只是拿出了一个黑袋子，瓢些水把鱼包好而已。湿漉漉的手接过30元，眼神里透露出和以往一样的目光。

　　本地人都喜欢去那里买鱼，宁愿跑多几里路，也不想错过鱼肉的鲜甜。

　　"走啊，快点去买鱼了，待会没了。"我拉着爸爸的手，生怕迟了。"

　　渔家还是那般悠游自在，用竹竿轻轻撑一下，坐在船中间，摇着桨。在水里绕出一个小圈，波纹在水面回荡。"没卖喽。"渔家的声音比从前低沉了些，音乐匣子还放着那首客家山歌。他脸上布满了沧桑，赤裸着的双脚不知在这片水里留下了多少脚印。"走喽，等下次吧。"渔家好一会儿才憋出一句话。

等待下一次，留下的只是那只木船。桨和竹竿依旧横放在船里，人影却落在了小亭里。音乐匣子的声音不见了。那双脚落在的却是旧式军鞋。目光始终在小船上。水面折射出一个好看的弧度。一渔人、一亭子、一念想。"不卖喽，水都变味了。妹子，走吧。"渔家道。

直到几个月后，我才明白渔家没鱼卖的原因。

鱼都侧翻在水面上了。

玉兰花的香，也遮掩不住水里发出的恶臭，伴随那只小船的念想也被覆灭了。晚上出来散步的人渐渐变少，水坝里的牛蛙声消退了不少，鼠的尸体也直接横在泥边。柳树大部分也换成了桃花，些许生命力顽强的还撑着吧。

风固住了脚印，流逝的光影下，少了那片鳞，岸边也没有像从前那般热闹过了。

渔家忙碌的身影，那播放客家山歌的音乐匣子，被深深藏在了水里。

……

〔东莞中学南城学校初二（4）班〕

珍爱生命之源——水

石艺锦

　　水是人类赖以生存和发展的不可缺少的最重要的物质资源之一，水对生命起到至关重要的作用，因而水时常被誉为"生命的源泉"。人的生命一刻也离不开水，在地球上，哪里有水，哪里就有生命。可以这样说，一切生命活动的起源都来自水。水，造就了人类世界的繁衍不息，推动了人类的向前发展；水，赋予了地球和整个生物界欣欣向荣、五彩缤纷、千姿百态。

　　水对生命和我们的生活如此重要——然而，在我们的日常生活当中，水不仅没有得到足够的重视、爱护，反而还时常受到不公正的待遇：工业污染，生活垃圾污染、乱砍滥伐、水土流失，以及随意倾倒、浪费，等等。是我们有足够丰富、取之不尽用之不竭的水资源？还是我们的生活用水、工业用水已多到可随意取用和浪费？非也。在我国，尽管江河纵横、湖海遍布，但面临的水危机，水的形势之严峻已超乎想象。据一份对我国水资源的调查报告显示，我国的河流湖海普遍遭到污染，且污染呈日益严重之势。在对全国55000公里的河段调查表明，水质污染严重而不能用于灌溉的河段约占23.3%，45%的河段鱼虾绝迹，85%的河段不能满足Ⅲ类水质标准，生态功能严重衰退。即使放眼世界，我国的人均水资源占有量为2300立方米，只占世界人均拥有量的1/4，居

121 位，为 13 个贫水国之一。目前中国 640 个城市中约有 300 多个缺水，2.32 亿人年均用水量严重不足。缺水的严重程度足见一斑。

那么，面对给予我们生命与活力的水，面对如此严峻的水资源问题，我们该怀着怎样的心态对待，又该以怎样的姿态去应对、解决？我想每个人可能都有自己的答案。在这里，我想说的是。从我做起，从我们的身边做起，去爱水、惜水、节水。

我记得自我懂事起，父母就要求我养成节约用水、保护环境的习惯。在我七八岁的时候，记忆中妈妈总会把洗完菜的水装起来，用来浇花、种菜。把洗衣服的水灌入一个小桶中，然后用这水来拖地、冲洗厕所。那时的我非常不理解妈妈的种种行为，甚至认为这是浪费时间、多此一举。每当我说妈妈这种"浪费"的行为时，妈妈都是莞尔一笑说："儿子，等你长大了你就知道妈妈为什么要这样做了，尽管你现在不懂，不理解妈妈，但是你一定要跟妈妈一样这样做。妈妈之所以这样做，不仅因为妈妈是一个环保主义者，更是在尽一个公民应尽的责任。现在很多人都只顾自己方便，没有节水、爱水的习惯，甚至有的人只顾自己的利益，排放污水、随地倾倒垃圾，造成水资源的严重污染，这是很不道德的行为。"我似懂非懂地点了点头："嗯，妈妈，我知道了。"

不仅是我妈这样做，我爸、我爷爷还包括家中的许多亲戚都是这样。我爸经常把淘米水浇到菜地里、花盆里，把家中的用水器具都换成节水的。在外面更是如此，每次洗完手，他总会及时关掉水龙头。有时他看到别人家没拧紧的水龙头，也会跑过去拧紧，甚至有一次还差点闹出笑话。

那是在我十岁的一天傍晚，我和爸爸在小区里散步。当我们走到一家住户门口的时候，我和爸爸同时听见了那人家的花园里传出"哗哗"的自来水声。出于习惯，爸爸丝毫没考虑这是在别人家，他径直走到那人家的花园，把水龙头拧紧。恰在这时，那家的主人出来了，见到有陌生人站在自家的花园，他脸上露出了非常不悦的神色，还产生了怀疑：你是谁，为什么未经我的同意就跑到我家院子里来？此情此景之下，爸爸只好赶忙解释，说明来意。"对不起，我误会你了，是我做得不好，谢谢你。"那家主人倒也通情达理，又是道歉又是感谢。事后，原本陌生的我们两家还因此通了来往，爸爸和那位叔叔还成了好朋友。

出门在外，每当爸爸看到某片地有严重的污染水资源的现象时，他还会及时地向当地有关部门反映情况，把保护水资源当作自己的职责。那时候的我喜欢把爸爸当作榜样，因此我也跟着爸爸一起为保护水资源贡献自己的力量。从那时起，我就树立了良好的环保意识，养成了珍惜水资源的好习惯，在日常生活中坚持一水多用、使用不含磷的洗衣粉、使用节水器具……

如今想来，觉得那时妈妈的话说的不无道理。现在，虽然人们的生活水平普遍提高了，可是很多人的思想素质却没有随之提升，随意排放工业污水、生活污水，导致水的污染和环境的恶化。他们哪里知道，他们这样做，其实就是在毁坏自己赖以生存的家园。正所谓"反水不收，后悔何及"。当我们在浪费和污染水的时候，已然为自己也为社会种下了恶果，也必然会迎来后悔的一天。

水对于人类须臾不可或缺，人类对水的依赖较之于对石油等任何地球资源的依赖都要大。因此，我想，人们应当齐心协力，为保护和节约水资源而从现在做起，从自己做起！水是我们的生命之源，它的问题涉及我们全世界全人类的切身利益。让我们珍惜在地球的每一刻，同时，让我们永远记住：爱护水，其实就是爱护我们的生命。

〔光明中学初三（22）班〕

眸中清流，心底愁

白冰冰

　　一直以为，水就像眼眸，眼眸却映照人们的心底。水清，心则清；水浊，心则浊。当水不再如从前一般透彻，我们是不是应该倒过来，反省自己的内心，有没有如爱护自己的双眼一般，爱每一滴水。

——题记

　　有些彷徨失措，一去七年，我却仿佛从未来过，那年赖以生存的溪流，赖以支撑的水井，找不到过往的痕迹。临水倒影的是岁月的变迁，质朴的流逝。

　　那时，我们还有一双透彻的大眼，眼眶也总承载着家门前的那条溪流。

　　爷爷总爱在一日劳作后，就着溪旁参差的石头，迎着水流带动的微风，坐下，洗个脚。洗去一日的风尘、辛劳，换来一身惬意、舒坦。眸中的神色，是波澜不惊下岁月沉淀的柔情，在看水吗？

　　水流到哪儿便柔了哪儿。只一眼，便可望见水底那些叫不出名字的花草，推着挤着，毫不掩饰地扭动着腰肢，一荡一漾，好不轻松自在。就连水中的沙粒卵石，也毫不避讳，与溪流肆意拥抱碰撞，荡起一圈圈涟漪，水面犹如起皱的绸缎，丝缕阳光，又好似满湖稻穗。

"哗！"是水花迸溅，打破了平静。眼前一片鳞光闪烁，是溪底那群鱼儿。那是一群怎样顽皮的孩子啊！成群结伴撒着欢，打着滚，把水中的澄澈染得满头满脸。一次次亲吻着水面，亲吻着爷爷厚实的脚底板。是同一条溪水孕育的生灵，更是与自然相互溶化，用灵魂相互碰撞。

爷爷的目光停留在小溪的对岸，迟迟不肯离去，眸中，有溪水缓缓流过，还有人儿，流进心里。

旭日初升，晨雾萦绕，奶奶常在溪对岸浣衣。一张短凳，一个木槌，一段时光。她拿着木槌一起一落敲打衣服，伴着溪流潺潺，奏成独有的乡村音乐。小小的我，蹲在旁边，撩着水花，看着奶奶，总觉得奶奶是亭亭玉立的荷花，开在溪边，也开在爷爷眼里。

与门前小溪一样清澈的，还有村头那口老水井。

爷爷奶奶常说，离了家乡，出人头地了，一定不要忘记这口水井。这是全村唯一一口井。天微亮，门就"吱嘎"一声开了，那是早起的人挑着水桶去打水。而后各家各户陆续升起了袅袅炊烟，生火、烧水、做饭，可以喝到烧开的热水，吃到热腾腾的饭。或许是都抱着这样美好的希望，大家一个接着一个去打水，却都不推不挤、不争不抢，脸上洋溢着初阳般的温情，眼里闪烁着晨露般的光辉。

水很清，清澈如人们的眼睛。村里年轻力壮的小伙常常在耕作后，打起一桶，顾不得取些碗来，捋一撮发，拭一把汗，捧起水桶就是"咕噜"一大口，发出心满意足的感叹。有时被未出阁的姑娘看到了，便害羞地挠一挠头，惹得人轻笑出声。那时就有人传，这水井挑不完。我却一直认为，挑不完的，是人们对美好生活的追求和向往。

而今，我却不知该如何面对眼前的一切。水依旧流淌，我竟看不清从前那不知名的花草在哪儿舞动，听不清水流撞击卵石的声音，再也见不到开在溪边的莲，听不到独有的乡村音乐。是自己病了吗？不知从哪儿传来痛苦地呻吟，环绕在耳边。脚底生出一抹凉意，我一下跌坐在地上，双手下意识撑住地面，手心传来一阵刺痛。是垃圾！全是垃圾！从前的绵绵绿草呢？

我找不到那年一丝一毫美好印记。是爷爷柔情的目光？不是！是奶奶辛劳的身影？不是！我从地面爬起，扶了扶发软的双腿。霎时，脑海中浮现出一个画面，我带着仅存的期望疾步向山下走去。

当然，我也知道我会看到怎样的一幕。汽车穿梭的声浪，一阵又一阵击溃着我的内心。远远望去，我已经看到了。

仿佛有人扼住我的喉咙，微痛而警醒，我一时间无法喘过气来。苔藓已在井的边沿爬了一圈又一层，杂草也长了一束又一丛，岁月侵蚀的痕迹，很重。说好的挑不完，怎么会变成这样，环顾四周，皆成了陌生面孔。我想，那污浊不堪的溪流、深不见底的枯井，会像一面铜镜，返照着这些年所有不纯净的心灵。

井枯了，我哭了。我有止不住的泪水滔滔，而井却怎么也流不出泪来。

我不知道，身边的水是否还能倒映出人们的眼眸？我不知道现在人们眼眸中，又流淌着什么。我不知道……

（东华初级中学 113 班）

故乡有条河

黄爱涛

故乡有条河，曾出现在我梦中，它河水清清，像被釉色亲吻过。

那条河是一个水晶球，流动的水承载了太多人的悲欢离合。

爸爸出生在河边，那是他童年的河。

听说，爸爸小时候也曾艳羡过那些能在河里游泳的孩子，那时天还很蓝，柔软的芦苇随着微风飘拂，清绿的水映着孩子们的脸，他们赤条条地在水中游来游去，像极了河中个大鲜肥的鱼。但是，爸爸却不能享受这种快乐，奶奶怕他出事，不准他在河里游泳，有时候便给他一个饼子吃，而在那个年代，一个饼子也是何其珍贵的东西。奶奶的弟弟，也就是我舅公，只比我爸大几岁，看到了我爸在吃，馋得直流口水，上了岸，穿上衣服就朝我爸讨饼子吃。现在说起这件事，舅公还是有些孩子气般的愤愤，直说爸爸小气，怎么央求他也不给，于是，舅公的暴脾气就来了，撵着爸爸在河边那条满是石头和沙子的马路上追着打，知了在树上嘻嘻笑着，舅公则追得满脸通红，颇有种吃不到饼子不罢休的气势。河中的孩子们笑着，芦苇也随着风飘动，仿佛在看好戏一般，也不知后来舅公到底抢到了没有。

爷爷生活在河边，那是他思念的河。

听说，夏夜的河风会将人间的思念带向天国。

小时候，每年夏天总会有一个傍晚，爷爷会带上写好的符纸、烟、酒和刀头肉到河边的大桥下祭拜我的曾祖父母，我总是和爷爷一起去，那时候河面上波光粼粼，河水倒映着两岸的灯火，星星点点的光像极了琴谱上的音符，连藏在草丛树枝间的虫子们也唱起了一支凄凉婉转的歌，那歌声随着河风，飘散在夜空中。爷爷找来一块大石头，把带来的纸钱搭在上面，做成尖尖的屋顶的形状，用打火机点燃几张，这个时候，我就可以拿一叠纸钱和爷爷一起烧了。爷爷总会在这时絮絮叨叨地告诉我一些很久以前的事情，譬如我的曾祖父爱抽烟喝酒，每次在烧纸钱的时候为他点的烟总是一两分钟就燃尽了，爷爷找来一根木棍翻了翻纸钱，看看燃尽了没有，再告诉我，这是天上的人用来花的，烧完了他们就收得到了。他还说，这火啊，烧得越旺，他们就越高兴。但是我却感觉不到，因为这火太烈，烧得我脸上发烫，一阵黏黏的河风吹来，把烧成黑色的纸灰卷走，吹向河那头。

我的童年流逝在河边，那是我回忆的河。

听说，每个人的故乡总有一条河，它偷偷听着人们的愿望，把它们放在心里收藏。

小时候，常常结伴去河边，尤其以夏天居多，因为夏天螃蟹多，河岸边的水清得可以看见河底冒泡的小孔，这时候我便会惊喜地在河中寻找螃蟹的踪影，但是却万不能靠近河水边秃秃的半米来宽的沙地，一旦踩下去，不管你有多轻都会迅速往下陷，我们通常会找一根细长坚韧的木棍，把那些小小的孔用附近的河沙堵住，一阵沙雾过后，不远处就会跑出来一只愤怒的螃蟹，这时，我们只需用木棍拨动螃蟹的身子，把它驱赶上岸就行了。但这种方法太慢了，不可行，我们就会到旁边的小渠，渠子里的水是从河里引进来的，夏天关掉水阀，小渠里就只剩下浅浅的水洼了，我们好几个人一起去小渠里捉螃蟹，把石头扳开，下面全是小虾和小螃蟹，一扳一个准。我们用在渠底捡的生锈的大铁桶装了有大半桶，但后来没有人愿意吃掉它们，又把桶里的螃蟹放回去了。那时时至黄昏，我们穿着脏脏的衣服和鞋子，站在渠底，看着那些螃蟹争先恐后地爬出铁桶，能体会到的只有四个字——岁月静好。

夏天黄昏的微风也带着热气，吹动着我们带着汗味的头发，把我们从前无忧无虑的时光吹到了远方。

故乡的人靠着这条河生存，那是人们生命的河。

听说一方水土养一方人，那我们这一方人是否爱过养育我们的水土呢？

当我再次回到这片水土时，河不再是从前那条河，它不再清澈，原本清亮的水混进了黄黄的泥沙，河岸边的水变成了铜绿色，漂浮着垃圾，我也没有看到一只螃蟹在河堤上悠闲地爬过，也没有一个钓鱼的人在河边上搭着小板凳悠闲坐着，有一条人造的小水沟从山顶直通向河中，但下游却建了一个造纸厂。深绿色的水从造纸厂里流出来，染绿了管口旁的石头，而麻木的人却熟视无睹，就像一夜暴富的人，为了发泄，为了宣扬，一股脑地把生活的苦水和所有贫穷的垃圾全部倾倒出来，仿佛只有这样，他们的利欲心才能得到一点点的满足，而他们的孩子，将会在作文里说："我的家乡有条清清的河，爸爸妈妈从小就教我要爱护它……"

能有多少人童年记忆中的那条河还是旧颜不改，孜孜不倦地向前奔流着，扪心自问，你曾经是否珍惜过生命中每一滴清澈的水，又是否为他人守护过一条美丽的河，又是否能在记忆中想起曾经有条河点缀了你的童年。

我想念故乡那条河，它曾载着爸爸的童年、爷爷的思念和我的回忆来到我身边，它吞下了一切生活的苦痛不语不言，它把一切带给了我，也将自己的美丽尽数失去。

故乡有条河，它曾经河水清清，像被釉色亲吻过。

那个黄昏，它答应了我，总有一天，它将会带着美丽归来的。

（东莞市塘厦镇东深二路南 22 号东莞市塘厦初级中学）

东江水，生命情

刘伟峰

　　少年时代的天空是蔚蓝的，少年时代的河流是清澈见底的，少年时代的记忆是五彩斑斓的。作为一名土生土长的万江人，生活在享有美誉"水乡天地"的伊甸园，回忆起少年时代以来对水乡的种种变化，不禁唤起许多美好的情愫！

　　东江——万江人赖以生存、繁衍生息的母亲河！多少年来，由于工厂不断排放废材料，人们的环保意识淡薄，甚至乱扔垃圾到江边，"母亲河"发怒了、变色了，从澄清的水变成混浊的水，好像就是一瞬间的事情，完全颠覆了我们对东江的认识。为什么东江河会变成这样？因为我们的自私、贪欲，乱扔垃圾，破坏了"母亲"的形象。幸好近些年来东莞政府非常重视环境保护，把保护水资源刻不容缓的严峻考题列为市重点项目之一，水利部门颁布措施大力治理违法行为，力求尽快把美丽幽静的"母亲河"恢复原貌！当回忆往昔，坐在东江河畔，湛蓝的天空无边无际，望白云飘飞的情景，我的心潮激荡澎湃，久久不能平复！

　　恰逢一年一度的龙舟竞渡在母亲河——东江拉开序幕，"五月初一龙抬头，活力万江龙共舞"，每一年我都会跟随家人去观看龙舟比赛，沾一沾龙舟水的喜气。虽然每年都看扒龙舟的激烈盛况，但其实大家心里明白，更是想看看母亲河的现状。看到江水从以前不堪入目的混浊腥臭到现在清澈见底的澄净，大伙心里就高兴，赛龙舟就更加卖力了！当然这是政府部门高度重视的胜利成果！本届龙舟赛堪称"山不在高，有仙则灵；水不在深，有龙则灵"。水的灵气随风飘动，锣鼓声"咚、咚、咚……"震耳欲聋；呐喊声"加油，加油，往前冲"响彻云霄。中流击水，浪遏飞舟。每个社区的龙舟队伍齐动船桨，整齐划一，同舟共济，往前飞速划去，去争夺最后的桂冠。

如今"鱼米之乡"的东江河畔，夕阳西下，当你散步江边，可以看到鱼儿在水里自由游翔。因为水质越来越好，鱼也就自然越来越多，吸引了很多钓鱼爱好者来到江边钓鱼。东江水利局派遣的船只在江上巡查，工作人员忙碌地在江河中打捞垃圾，当我看到江边有环保志愿者公益活动，毫不犹豫地报名参加了：去东江的台阶边，看到水中的垃圾漂浮物、杂质沉淀物，我拿起钳子拾起垃圾，放入袋子里。瞬间我有一种深刻的使命感，我也用自己的实际行动来保护我们的母亲河了！

资源可分为可再生资源与不可再生资源，水资源是可再生资源，利用水资源是当今热门的话题。放眼全世界，经济全球化形成，新科技飞速发展，工厂的生产对水的需求量越来越大。如今人类对水的思考、对健康生活方式有更高的追求，因此出现了通过过滤处理生产的矿泉水、山泉水、蒸馏水等含有维生素、矿物质丰富的饮用水。现在人们为什么不敢去江边打水喝了呢？因为大家都害怕水里含有有害有毒的物质。水的质量如果不断下降，还会有充满健康物质的饮用水吗？我们不对今天的水资源进行保护，那么世界上最后的一滴水是人的眼泪将会成为事实。

周末清晨，东莞人喜欢与亲朋好友一同去茶楼喝茶，去享受生活的馈赠。但是一壶好茶的灵魂离不开水的纯净，烧水是一个漫长的过程，在沸腾的时候，气泡在互相交流，把水倒入茶壶中，五爪金龙抓起一把普洱陈皮茶叶放进水里，茶叶在水中翩翩起舞，婀娜的舞姿是那么灵动，茶的清香扑面而来。当你喝着甘甜的普洱陈皮茶，感觉宛如天池的琼浆玉露，你是否想到，没有纯净的水，我们能喝到这样好的茶吗？所以说水的功劳是必不可少的，只有它才能构成世间最美妙的物质。

珍惜水资源是每一个人应尽的社会责任。虽然处理与保护水资源的方法有很多，但是浪费水资源的现象却随处可见：上洗手间水龙头没有关，洗衣服的水哗哗地流，肆无忌惮地使用造成巨大的浪费。虽然我生活在水乡天地，但我从小却十分节约用水：淘米水用来浇花，洗衣水用来冲厕所，把环保行动从身边的每一件小事做起。生命离不开水的滋润，自然界的生物离不开水的温床。

哲学家曾经说过："水是万物之母。"每一滴水都值得我们去倍加珍惜，我们要自觉合理使用每一滴水，节约用水，人人有责。这不仅是一个家喻户晓的口号，更是我们鞭策自己保护水资源强烈的社会责任，节约宝贵的水资源，让它永远为人类造福。作为二十一世纪的青年学生，我们不但要从自身践行，从日常生活中做起，还要做时代的"领头羊"，倡导大家一起节约用水，保护水资源，做力所能及的事情，一同创造美好洁净的明天！

（东莞市轻工业学校 15 家具 4 班，指导老师：赖超）

水——生命之源

周　琦

　　偶然间，看到了一个公益广告。干涸破裂的土地，看不到一点绿色和生机。大大的广告语，触目惊心："如果人类不从现在开始节约用水，保护环境，看到的最后一滴水将是自己的眼泪。"这句话像一记重锤敲打着我的心灵。平凡的、随处可见的、唾手可得的，却也是珍贵的、有限的、可能会有一天消失不见的，那就是我们的生命之源——水！

　　每天早晨，我会用"水"刷牙、洗脸，再喝一杯"水"，吃完饭后，妈妈会用"水"将碗筷洗干净，最后还会让我带一瓶"水"上学去。我从没在意过，水有什么了不起，反正每天只要打开水龙头，就会有取之不尽、用之不竭的水。可是，如果有一天你打开了水龙头，没有流出一滴水，你会怎么办？我想，我们的生活会陷入一团糟。别说没有了水我们将无法生存。即使在还有水的今天，如果给我们一天的时间去体验无水的日子怎么过，结果，就会使所有人都开始重新审视这曾经对之不屑一顾的"水"。

　　就这样，为了感受水的重要性，我们家在我的倡导下开始了一次无水日的体验活动。一个周末，早晨起来后，我与爸爸、妈妈约定，今天我们都不用水、不喝水，早上不能刷牙、不能洗脸。一会儿，我们就觉得全身都不对劲儿了，我希望自己还在梦中，不要醒来；我不敢去卫生间，不敢用马桶，我知道不能冲马桶，意味着我们只能逃到外边去呼吸新鲜空气了；每天晨起的一杯温开水取消了，代之的是直接吃早餐，松软的馒头、诱人的煎荷包蛋，在没有粥、没有汤、没有水的时候，也变得那么难以下咽。爸爸打开了电脑、妈妈打开了电视，我拿起一本书努力让自己走入书中的世界。因为不能用水，所以也没有了家务，我们全家人一下子变得轻松而无所事事了。我们都试图让自己集中精神做一件事，使自己忘记生命的本能。爸爸平时没有时间上网，妈妈也没有时间看电视，他们都曾经那么希望有充足的时间做自己喜欢做的事情，可是，平时上班、做家务，让他们没有太多属于自己的时间。而今天，他们终于可以什么都不做，只管去玩儿、去看电视……我却发现，他们一直都坐立不安。爸爸的身体对着电脑，眼睛却在不断瞟着饮水机，在他的眼睛里，我看到了行走在沙漠中的人对绿洲的渴望；妈妈边看电视，边不断清着嗓子，我心里有点儿难过，妈妈有点儿感冒，不喝水嗓子会发炎的。我用眼睛巡视了一圈，回到了自己的书上，突然间发现，我的书拿倒了……

抬起头，我满怀希望看向时钟，我希望已经过去半天了，这样我们会有残留的勇气继续挺过下午的时光。可是，我沮丧地发现，时钟刚刚走过十点。爸爸已经关闭了电脑，重新躺回了床上，他充满无奈、自我安慰说："今天我要睡一天，谁也别叫醒我。"妈妈呢？平时最爱看的电视剧，已经提不起她的兴趣，她走过来，很认真很认真地问我："女儿，你说的无水日是指 12 小时，还是 24 小时？"我看着妈妈可怜的、期待的眼神，笑得趴在了地板上……

中午十二点，没有水的午餐谁会想吃呢？妈妈已经放弃了做饭的打算，反正爸爸还在睡。是在睡吗？我感觉到爸爸不断翻来覆去，我偷偷笑了，每天生物钟奇准的爸爸，今天还没上厕所呢，我倒想看看爸爸能挺到什么时候？可是，一会儿，我就笑不出来了，因为，我也想上厕所……

下午四点，平时周末的时候，这个时间妈妈已经在做饭了。我抬头搜寻妈妈的眼睛，看到了妈妈也在看我，心照不宣，我轻咳一声："妈妈，如果从今天早上起床算起，我们的确还没挺到十二小时，可是，如果从昨天晚上睡觉的时间算起，这可都二十小时了，鉴于我们已经深切体会到了水的重要性，这次无水日就到这里吧"。我分明看到了妈妈长出了一口气，还有我，一个瞬间大挪移，飞向了卫生间，真的，比哈利·波特还快！

晚餐，在有汤、有水的餐桌上，我们一家三口吃得心满意足，无比香甜。吃着吃着，我们都沉默了。是的，水是生命之源，只有不到一天的时间，我们全家已经被折磨得几乎无法正常生活，如果有一天，世界没有了水。我们不敢想象，那真的是人类的末日到了。

水是一切生命之源，有了水，才有我们这个美丽的蔚蓝色星球，才有我们充满绿色的山川大地，才有了生命的勃勃生机，才有了人类的繁衍生息。节水不是一句口号，如果不想最后看到的水就是自己的泪滴，节水就应该成为我们生命中的一个主题。为了我们的家园，为了我们的星球，我们也应该珍惜水资源，珍惜大自然赐给我们的生命之源！

愿从现在起，每个人都可以尽自己的一份心、一份力，保护"水"——生命之源。

（常平龙程小学 503 班，指导老师：温柔）

我与水不得不说的那些事

莫燕渔

听妈妈说，我从小就喜欢水。我对水有着丰富的感情，在不同时期对水有不同的感情。

妈妈告诉我，在我两岁的时候，我经常哭闹，而妈妈有好办法：每当我哭闹时，妈妈就会给我一盆水，我一看见水，就不哭，也不闹了，开心地玩起水来。现在听起来，觉得小时候的我只要一看见水，就会笑。我感觉我好奇怪呀！

长大点了，我也不经常哭了，可是我依然喜欢水，最喜欢拿着一把小水枪射来射去，弄得家里满地的水我才高兴。我还喜欢在浴缸里放水，把我的塑料小人玩具放进去，再把小船放进去，让小人坐在小船上。突然用手撩起一大片水，把船弄翻，自己也被弄湿了，却在那里嘻嘻地笑。那时我对水有浓厚的感情啊。

等到我上幼儿园的时候，玩水的时间也非常短暂，只限于暑假。那天，我与小伙伴拿着大水枪互射，等到玩腻了，我们便开始泼水。妈妈知道后非常生气，看着我湿淋淋的身子，你没有让我去换衣服，而是教训我们说："你们这是在浪费水资源啊，你们应该没体验缺水的滋味吧，你们看看我国西部多少人没有水喝，哪怕给他们一桶水，他们也会非常感激的。"我听了之后，非常不爽，西部缺水又不是我造成的，关我什么事呢。我恼怒地走进了厕所，对着水龙头，一直放水，就这样，我浪费了一大盆水。我对着那盆水一直在说："都是你的错，害得我被妈妈骂了，如果没有你，我就不会挨骂了，哼!"那时的我慢慢淡忘了我是多么喜欢水了，那时我对水的感情可以说是"情淡如水"了。

还记得小学四年级，暑假有一天，吃过晚饭，妈妈对我说："女儿，你去把碗、盘子和锅洗了吧! 我身体不舒服。"我懒洋洋地对妈妈说："哦，知道了呀! 我现在就去洗。"到了厨房，我先打开水龙头，把水龙头开得大一些，先把碗、盘子的饭渣洗得差不多，又接了一些水，把洗洁精倒在水里，清洗碗和盘子的油污，终于清理完了，我尽量把水龙头开到最大，"哗哗哗……"把盘子和碗冲洗干净了。我把锅拿了出来，我接了满满一锅水，又把锅洗了，最后"哗啦啦……"一冲，锅也干净了。把要洗的锅碗瓢盆洗完后，我才后知后觉地发现我的衣服全湿了。"呀! 怎么成这样了!"妈妈听到我的尖叫，立马赶了过来，看到厨房满地都是水，我的衣服全湿了，妈妈说："我以后都不会让你洗碗了，你这样太浪费水了。"我不服气地说："我们家又不缺水，就是交多点水费而已，又不是交不起。"妈妈无奈地看着我说："孩子，说这话是很不负责任的。"妈妈知道那时跟我说什么都改变不了我的看法，因为我确实不知道缺水的滋味，也体会不到水的珍贵。

我开始讨厌水了。第二天早晨，我起得很晚，家人已经去上班了，我走进厕所想洗脸，拧开水龙头，水没有像平常那样哗啦啦地流出来，奇怪，怎么就没水了呢? 我把整间屋子的水龙头全部拧开，都不见有水。我打电话给妈妈，妈妈告诉我说今天停水了。唉，没水怎么刷牙洗脸呢，算了，不管了，就这样吧，过了一会儿，我渴了，想喝水，但是水壶里没水，想去买水喝，妈妈没给我留钱。只能啃了桌面上的面包。没水也不能做午饭。那一天，我整整一天都没有碰到水，上完厕所也没水冲，满身黏糊糊也没水擦，我也足足渴了一天。

妈妈晚上下班回来后，我跟妈妈抱怨停水的这天我有多么狼狈。妈妈看着沮丧的我，语重心长地说："怎么样，今天你体验到了没有水的滋味了吧?"说完，妈妈就跑出门外，把水的总开关打开了，我便急急忙忙地跑去烧水喝了。那一天，是妈妈让我懂得水是多么珍贵了。我对妈妈说："我以后再也不浪费水了，原来水对于我们来说是这么珍贵。"

妈妈还给我科普了水资源的知识。地球上有丰富的水，但地球表面的75%被海水覆盖，海水不能直接被人饮用或用于灌溉。地球上的水量是这样分布的：海洋占97.2%，冰山和冰川占2.15%，地下水占0.631%，湖泊占0.009%，大气中（水蒸气）占0.001%，而河流与小溪中仅占0.0001%。其中只有地下水、湖泊、河流与小溪中的淡水可以被人、动物、植物利用，这就是说，地球可以供给陆地上生命的水量不到它总水量的1%。可见淡水资源是非常有限、非常珍贵的，它被污染会更加减少可供动植物和人类使用的淡水量，因而会直接影响地球上生命的生存。尽管我国淡水资源位列世界第四，但我国是一个干旱缺水严重的国家。由于可利用的淡水资源有限，加上水资源浪费、污染以及气候变暖、降水减少等原因，加剧了水资源短缺的危机，所以我们需要节约用水，保护环境。

我也上网查了有关水资源和旱灾的信息、缺水地区人们的生活方式，他们等老天下雨赶快把雨水攒起来，跑几十里的山路去打水，基本上N天才能简单地洗一下，把能利用的水利用N次。看到这些报道，我真的是为我浪费水的行为感到汗颜。

在小学六年级的时候，我们班举行了一个"世上的最后一滴水"的班会活动。老师先讲道："今天，我们就来讨论最后的一滴水该如何处置。"话音刚落，同学纷纷举起手来，有的说，把这滴水给为保护地球环境奉献一生的人；有的说，把它给沙漠之中的植物，让它们长出汁水给我们人类喝；有的说，把它给云，让它下场大雨给我们水，煮一煮就可以喝了……而我却不想说话，因为我清楚，这一滴水是不可能救活地球上的人类和其他生物的。一场"争辩会"就要结束了，老师最后点拨了活动的主题："其实，最后一滴水已经没有用了。因为到那时，一切都挽救不了地球缺水的灾难，所以从现在开始，我们每一个人都得做出行动，节约每一滴水，保护我们珍贵的水资源，不要出现最后一滴水的悲惨结局。"至今，我对这场讨论会仍旧记忆犹新。

现在，我已经上高中了，每每看到有人在浪费水，我都会前去制止，告诉他们这样做是不对的。每次上体育课后，同学们都会去水龙头下洗脸，把水龙头开得大大的，水就这样"哗啦啦"地流着。我都会默默地走过去把水龙头关小，有时同学会嫌我多管闲事。这在大家看来，又是多么"平常"啊。让我为大家算一笔账吧：一个水龙头每秒钟漏一滴水，一年便是360吨，一个可怕的数字啊！怎能不令人触目惊心呢？

最近学校也在举办"关于节约水资源"的倡议活动。

保护水资源，从你我做起；节约用水，从身边的小事做起。让我们用心珍爱生命之水，以节水为荣，随手关紧水龙头，千万不让水空流。只要我们树立节水意识，时刻坚持一水多用，提高对于水的重复使用率，节约每一滴水，减少洗涤剂中的化学物质对水的污染，如果能长期坚持，养成良好的节水习惯，那么，每一个渺小的"我"，就为节约用水、保护水资源、保护人类的共同家园，做出应有的贡献！

（东莞市电子商贸学校电商1602班，指导老师：谭秀媚）

大漠中的那个夜

盘欣灵

太阳像一个火球，高高地挂在天上，灼烤着这片金黄的大地。广阔蔚蓝的天空中，竟然没有一朵云彩与它为伴。

跟着车队一路颠簸，萧然终于到达了这个大西北的小村，他是来这里支教的。

下了车，见不远处已有一个小男孩在等他。男孩见萧然下车，便飞奔到他面前，大声道："老师好。我是专门来接您的，我现在带您去住的地方。"没等他应答，男孩便拉着他往住所走去。

小男孩一边走，一边用不大流利的普通话介绍这里的风土人情。萧然一边听一边打量着眼前这个可爱的小男孩：他的脸被猛烈的阳光晒得黝黑，也许是刚才在阳光下站久了的缘故，豆大的汗珠布满了他的面颊，嘴唇因干燥而皲裂，厚实而破旧的衣服上沾了许多沙子……

男孩将萧然带到了住所，转头便跑开了。萧然并未在意，坐在这简陋的小屋里休息。

屋外的阳光是那么毒辣，时而刮起的热风卷起尘土钻了进来。热浪像一条火蛇，吐着燥热的舌头扫过他的脸。没一会儿，萧然便汗流浃背了。他想找点水喝，然而墙角破旧的水缸里却寒酸得看不见一滴水来。半缸深的沙土躺在里面，似乎在嘲笑这来自南方的年轻人。

就在这饥渴难耐时，萧然的眼前突然出现了一个木瓢。那瓢中，满满当当的，竟全是清澈干净的水，他不可置信地揉了揉眼睛，一抬头，原来是刚刚跑开的那个小男孩正双手捧着水瓢，小心翼翼地递到萧然跟前。"老师，快喝水吧。"

萧然渴极了，接过水，咕噜咕噜地喝了起来。一阵酣畅淋漓后，他抬起头，准备向男孩致谢。只见小男孩瞪着圆圆的大眼看着他，龟裂的嘴唇不时地颤动着，似乎在吞咽着口水。萧然有些不好意思，连忙把水递给他。"你也喝一点吧。""不，这是给老师您喝的水，我不能喝。"小男孩的嘴唇仍颤动着，渴望的目光触及到那瓢水，却又决绝地收了回去。

"我们这里干旱缺水，村里没有水源，我们的饮用水要到三公里外的山里去挑，今年，山里的水也干涸了，全村的生活用水都靠城里的武警叔叔用消防车送，每周来送一次。村主任规定，每人每天只能饮用一瓢水。这瓢水，是村主任特意交代给老师用的。"男孩用他蹩脚的普通话说着，泪珠不停地在眼眶中打转。

入夜，太阳落了下去，一轮镰刀似的弯月挂在了天边。大漠的风夹带着沙石刮了过来，门窗都嘎吱作响。

萧然有些害怕了，蜷缩着身子躺在床上思索着白天小男孩的话。这时，突然听到有人敲门，萧然惊异地打开门，来者竟是白天那个小男孩。

"老师，他们说今晚会有流星，你跟我一起去看吧！"男孩说。他的眼睛似乎闪着光亮，露出企盼的神色。

萧然欣然同意了，与男孩一同来到屋外，坐在墙根下。

大漠的旷野没有树木的遮拦，也没有高楼大厦的阻挡，一片空旷寂静。深邃的夜空就像是刚洗过的镜子，璀璨的繁星点缀其中，闪闪发光。

萧然看了看身边的小男孩，只见他的眼睛也像那星星一样闪着光亮，光芒中透射着憧憬和希望。男孩说，他多么希望天上的那些星星是水珠，一滴滴都滴下来，滋润这片干涸的大漠。男孩还说，如果真有流星，那他就许一个愿望。

"愿望是什么？"萧然问。

男孩没有回答，故作神秘地摇了摇头说："愿望没实现之前是不能说出来的，说出来就不灵了。"

正在这时，一颗流星划过天际，像一颗摇摇欲坠的水珠终于滴落下来，似乎要给这干燥的沙漠带来甘甜。男孩惊呼一声，忙闭上眼睛，双手合十放在胸前，嘴里还小声念叨着。萧然想，他的愿望大概是一些甜蜜的奖赏吧。

两年后，萧然支教结束，回到了自己生活的南方大城市。但在西北大漠中的经历，让萧然学会了惜水、爱水。他还经常给所教的孩子们讲述西北大漠中人与水的故事，告诉他们珍惜水资源。

多年以后，萧然突然收到了来自大西北的一封信，打开一看，是他最熟悉的小男孩的字迹。原来男孩已经大学毕业了，他投入到了西北环境改造的工作中。男孩在信中告诉萧然，他当年看流星时许下的愿望就是想让所有荒漠中的孩子都能喝上清澈的水。而现在，他正在为这个梦想而努力奋斗。

萧然拿着信走到窗前，看着天上的星星，想起多年前的那个夜，那繁密的星星好像一滴滴清亮的水珠，汇成一股股涓涓细流，滋润着西北大漠。而那一个个在沙漠中从事绿化工作的人，犹如天上的一颗颗明星，守候着沙漠的绿化与水源。

〔东坑镇东坑中学八（1）班，指导老师：周梅花〕

节水大赛

高欣欣

我气喘吁吁地跑回家，这边拧开水龙头，转身才拿毛巾，妈妈看见了："不能先拿毛巾再开水龙头吗？这样会浪费水的。""就是就是。"弟弟在一旁使坏。我不屑一顾："嘿嘿，这样比较方便嘛。"妈妈皱着眉头低着头思索了好一会儿，突然她猛地把桌子一拍："好，我们玩个节水大赛吧，输的人要请大家去 KFC 吃全家桶。""我要玩！"弟弟兴奋极了。什么？节水？我还是别玩了，平时我那么大手大脚地浪费水，搞不好我还要破产呢。弟弟一脸坏笑："姐姐就你不敢玩吧，胆小鬼，像你这么浪费水的人怎么会赢呢？"被弟弟这么一说，我就一肚子气。好，豁出去了。妈，我要参加，但是这节水大赛要怎么玩呢？妈妈说："这样，等会儿我装两桶水，你们每个人拿一桶，从现在一直到晚上都只能用那一桶水，当然，其间我会布置任务给你们做，等到晚上看谁的水最少谁就输了，要请客哦。"

不一会儿我和弟弟就拿到了属于自己的那一桶水，看着那桶满满的水，我有点后悔了，早知道刚刚不要参加什么省水大赛了。毕竟我一天需要用很多水的，而且这么少的水怎么够用呢，搞不好，我等一下真的要因请客破产了。不行，我得想想有什么好办法。对了。"弟弟，你要不要玩一下新买的水枪啊？

这水枪可漂亮了。"我笑眯眯地对弟弟说。"姐姐,你就省省吧!我才不玩呢,我可不要去请客。"这时妈妈说:"你们两个小鬼快过来帮我洗菜,要用自己那桶水哦!""妈,不带这么玩的啊,洗个菜,水不都没了吗?""这就要看你们怎么省水了。"我闷闷不乐地拿了一个水盆,小心翼翼地从水桶里舀取了一点水,把菜叶放进了水盆里,随随便便地洗了一下。弟弟看见了也来效仿。我把那盆洗菜水一泼倒掉了,弟弟却小心翼翼地把那盆洗菜水端起来,放好。我很疑惑地问:"弟弟,你干吗呢?那盆洗菜水不是脏了吗?还有什么用?"这时妈妈又说:"好,现在快点去给我浇花吧。"只见弟弟端起那盆洗菜水浇到花上。什么,原来洗菜水还可以浇花呀?早知道我刚刚不要丢了。唉!我只好又从自己那桶水里舀取一盆水去浇花。我看了看弟弟那桶水,又看了看自己那桶水,显然我的水已经比弟弟的少了。

不知不觉,到了中午,吃过午饭后,妈妈让我们自己洗碗。对于我来说洗碗可是一件很大的工程,我舀取了一点水冲了冲碗,碗还是油腻腻的。我只好放了一点洗洁精,加大筹码放了更多的水去洗,才勉强洗干净。而弟弟呢,干脆就直接把碗冲冲,洗了洗手,就又跑去玩了。我倒着桶里的水洗手,一不小心水倒了一大半。我后悔了,刚刚为什么要图方便倒水呀?直接拿个盆装水来洗手不是很好吗?望着桶里不多的水,我有点着急了,这时弟弟刚好回来。我脑子一转说:"弟弟,看你满头大汗回来,你就不打算洗个脸吗?看你的手多脏啊。"弟弟若有所思拿了毛巾,倒着水。说时迟那时快,弟弟扶不住那桶水,那桶水猛地倒了下来。"哗啦哗啦"弟弟连忙把那桶水扶了起来。水被倒掉了一半。我在一旁幸灾乐祸地叫好。"姐姐,别看我现在少了一点水,可我的水不还是比你多吗?哼!咱俩走着瞧。"

天不知不觉地黑了,一轮皎洁的明月升上天空。微风轻轻拂过树叶。"沙沙沙",不知怎的,我突然间很想上厕所,我习惯性地抬起自己那桶水一扣,整桶水都被我倒进厕所里。我突然间想起了什么,糟糕,我把自己的那桶水给倒完了。完了,完了,完了,怎么办啊?就在这时妈妈走了过来:"怎么样,谁的水比较少啊？我们要去 KFC 喽，谁请客啊？""妈妈，是姐姐，姐姐她输了。"弟弟手舞足蹈地说。结果不出我所意料，我的钱包又瘦了，我破产了。在回家的路上，妈妈说："怎么样，现在知道浪费水的后果了吧？"

我不得不可怜地点点头。

这次有意思的节水大赛，不仅让我的钱包瘦了，而且还让我懂得了珍惜水资源。想不到我竟然连我弟弟都不如，看来他比我更会省水啊，我得好好向他学学了。

〔东莞市道滘中学初一（6）班，指导老师：李小慧〕

水桶里的秘密

张家豪

　　小时候，在湖北奶奶家宽敞又平坦的阳台上，总是放着各种颜色的水桶，里面总是装满了水。

　　那时小小的我，看见这些桶别提多奇怪了。桶里的水各不相同，有些带奶白色，有些还有泡沫，有的很清澈带着香味儿……为什么桶里都装着这么多不一样的水呢？我跑去问奶奶，奶奶笑着说："这是一个秘密，现在还不能告诉你。"我听了更加疑惑了：这些水有什么用呢？

　　上小学时，我随爸爸妈妈来到了东莞。虽然环境和人变了，但是阳台上仍然放着许多装满水的桶。我见了，心中百思不得其解：奶奶家阳台上放着桶，来到东莞阳台上也放着桶，为什么呢？我突然想到，可能这些桶里的水也和奶奶家桶里装着的水一样呢，我赶紧走过去看了又看，果然一样！妈妈把这些白色还有一个个泡泡的水装着有什么用呢？看来，我得查个水落石出。我跑去问妈妈："您阳台上的桶里装的那些奇怪的水是什么水呢？"妈妈也神神秘秘地说："这是个秘密，等你再长大一些，就会知道这些水的秘密了。"听了妈妈的话，我疑惑到了极点，到底是怎样的秘密呢？我决定当一回"神探柯南"，不放过任何蛛丝马迹。

有一天，我正在洗头，洗到一半突然停水了，我急得放声大叫："妈妈，停水了，我头上的泡沫还没洗完，快救我呀。"妈妈却镇定自若："那只好去楼下的备用水塔看看还有没有储存的水喽！"我急忙用毛巾裹住头，和妈妈各提了个水桶跑下楼。来到楼下水塔一瞧，幸亏还有水！我和妈妈立即装了满满两桶水。我心想，真是谢天谢地，我可以把头发洗干净了。上楼时，妈妈一不小心，洒了一点水，她很是惋惜地说："真可惜呀。"我却不以为然："不就洒了一点点水吗，您也太小题大做了吧？"妈妈却严肃地说："有时候一滴水就能挽救一个人的生命！"

水有妈妈说的这么宝贵吗？我边洗头边想着，顺手就准备倒掉洗完头发的水。"等等，"屋里传来妈妈急切的声音，"这些水倒在水桶里储存起来，还有大用处呢。"说着，妈妈利落地把水倒进桶里，水面上马上泛起了丝丝泡沫。喔，怪不得呢，我想到了！我兴奋地说："妈妈，原来桶里装的都是我们平时洗头用过的水呀！""不仅仅是，"妈妈接着说，"淘米用过的水，洗衣服用过的水……都可以储存起来呀。"喔，原来如此，怪不得有些水带奶白色，有些带着香味儿……

我正想得起劲儿，却见妈妈用桶里的水洗了洗拖把，开始拖起地板来，这些带着泡沫儿的水似乎让地板格外发亮了！原来这些水还可以用来拖地板呀！妈妈见我恍然大悟似的，笑着说："你想做'侦探'还得努力喔，你看我平常清洗阳台，清洗洗手间可都是用这些水桶里的水呀！""妈妈，我明白了，我终于知道水桶里水的秘密了，果然都是宝贝呀。"我兴奋地说。

听了我的话，妈妈欣慰地说："孺子可教也。"说完，打开了一则新闻短片让我看，短片讲的是非洲部分地区严重缺水，导致许多动物数量不断下降，人们挣扎在生死边缘。短片特别描述了这样一个小男孩：他衣衫褴褛，脸上污黑，光着脚丫，他每天天不亮就背着桶，来到离家很远的公路上去等待领水。他每天就是靠着政府救济的一小桶水来维持生命。看着看着，我的眼眶湿润了，也深深地被震撼：世界上还有这样一群儿童，他们的童年被饥渴笼罩，多么悲惨的童年！水——我们的生命之源，它的确是多么的宝贵啊！

第二天早晨，我把自己洗脸的水也倒进了桶里。我暗暗下定决心，要向妈妈请教更多节约用水的方法，因为我终于明白了水桶里的秘密：它就是节约用水，从我做起！只要人人都节约一点水，那么我们的湖泊就会更深、更广、更蓝！

晚上，我做了一个梦，梦见我发明了一台高科技净水机，它可以把所有用过的废水、污水、海水净化成甘甜的饮用水。看，那个非洲的小男孩正手捧着一大杯清甜的水，细细地品味呢！他的小脸那么干净，眼睛那么明亮，他们一家脸上露出了那么灿烂的笑容……

（东莞市茶山镇第二小学，指导老师：王海妍）

奶奶与水的故事

林心如

滴答，滴答……水珠从水龙头的边缘一点、一点地滴落，一双湿漉漉的手顿了一下，连忙把水龙头的开关拧紧。我悄悄地探出头、踮起脚尖，朝客厅的沙发上望去，见目标没有动静，又悄悄地收回探出的头，轻拍胸口。

别人家的奶奶喜欢的都是散步啊，练太极拳什么的，我家奶奶最喜欢的就是节俭，特别是对水。洗菜的水，留着浇花；淘米的水，留着冲厕所；洗手的水，找脸盆装着，冲厕所；有时洗一些需要用手洗的衣服，洗完的水都留着拖地……奶奶不仅自己非常节俭，还让我们也学着她那样，奶奶就专门监督我们用水。洗手，看着我们洗，洗完之后让我们将水倒进家里一个专门积这些水的桶里；淘米，站在旁边看着我，洗完之后步骤依旧；洗澡，当然不会站在旁边，只是控制我们洗澡时水的用量……让我最哭笑不得的，是在一次淘米的时候，我将水倒进锅里，用手将米和水转圈、搅拌。几分钟后，原本清澈透明的水变成了混浊的、奶白色的水。我迅速将手抽出来，在水龙头下冲洗了几次，再双手抓着锅沿慢慢地往下倾斜，让混浊的水缓缓流淌进水槽里。一个人影突然出现，把倾斜的锅扶正，说道："你还记得我说过的，淘米水应该倒在哪里吗？"奶奶的出现把我吓得不轻，差点就把装着米的锅丢进水槽里。从这之后，奶奶时常在我用水时神出鬼没，要是我浪费水浪费得严重时，就有一次"爱的教育"迎接我。

而我在奶奶的"节水折磨"下，仍是没有改掉自己"恶劣"的习性。因为我觉得那些水再以那样的方式去使用，不会很不卫生吗？然后每次洗手、淘米的时候，也总是偷偷地把水倒掉，轻手轻脚地，担心被奶奶发现。这不，幸好我反应快，不然肯定要被奶奶"捉"到了。

我从洗手间走到客厅，在茶几上抽了几张纸擦擦手，刚坐上沙发，奶奶便投过来一个意味不明的眼神。我们的眼神在空中"碰撞"，我立刻就移开了自己的视线。轻松放在身侧的双手缠绕在了一起，我低着头，眼神有点飘忽不定。"唉，我这样节水也是有道理的，要是停水了，那不就惨了吗。现在的社会跟我那时候真的是差别太大了。"奶奶颇有感慨，也没揭穿我，便给我讲起了她以前的事。

奶奶说，她年轻的时候，家里用的水都要去河边或者是井里"取"，不像现在，用水的时候直接打开水龙头便有干净的水可用了。那时候，人们都要挑着水桶到井边或者河边去。河边取水还比较容易，将一头系着绳子的水桶抛向河中，再用力撤回，便取到了水；从井里取水就不那么容易了，要是干净清澈的井就还好，也是将系着绳子的桶沉入井中，要是在满是泥沙的井里，便得先从井中提起一桶水，再等泥沙沉淀，用碗把泥沙上层干净的水舀出，倒进另一个桶里。偏偏奶奶家那边的就是满是泥沙的井。逢年过节时，井边都排着"大长龙"。

"所以，在我年轻的时候，大家对水都很珍惜，也很节约用水。现在虽然不用像以前那样，要辛苦地取水，但是，我们更加要节约用水。前些天的新闻不也报道了吗，现在的水资源真的很匮乏，再加上污染又那么严重……"

我没有想到，奶奶年轻时的家用水居然是这样的。我们现在用水都十分方便，水龙头一拧，就有干净的自来水喷涌而出。

"哗——哗——"，一瓢接着一瓢的水倒入专门储"水"的大桶里。刚洗完自己的校服，我一手拿着纸巾擦汗，一手握着水瓢将洗过衣服的水舀进桶里。桶里的水平面缓缓上升，到临近溢出来时才停止上升。正要洗手的奶奶看着我的做法，欣慰地笑了笑。我也看着奶奶按下洗手盆塞子的手，开心地笑着。

〔东莞市道滘中学初一（6）班，指导老师：李小慧〕

重塑水魂

张婉盈

"六十年代淘米洗菜，七十年代农田灌溉，八十年代水质变坏，九十年代鱼虾绝代。"

一条宽阔的大河，缓缓流过繁荣的城镇。她像一个酷爱装扮的窈窕淑女，牵着时光的小手，乐此不疲地换着自己的新装。时而鹅绒加身，柳絮飘满江面；时而淡妆清抹，只一身碧绿纱裙，任阳光洒在上面熠熠生辉。我爱这条大河，爱她轻轻吹来的温暖阳光，爱她流动时弹奏的高山流水，更爱她那给予人的无限思考及情怀。

我缓步走在东莞人饮水主流东江河堤旁，思绪从小时候一下被拽回当下，看着那污染日益严重的河流，脑海内思绪翻飞，思着过去，思着未来。

在先人的诗词歌赋里，在那一篇篇的神话传说里，诉说着人们心灵深处的那份恐惧与渴望。怒触不周山的水神共工恐怖而邪恶，水边造人的女娲慈爱而温柔，继承父志治水的大禹鞠躬尽瘁死而后已。

优游终老，哀乐几何；一方山亭，几杯浊酒。唐太宗"水能载舟亦能覆舟"的治国之理传承千年，水滴石穿所低诉的坚持不懈仍在影响着每一代炎黄子孙，教会了我们自强不息。聚散无常，别情依依，人们在送别的渡头，或慷慨高歌，或黯然神伤，依依惜别让我们听见天际的袅袅余音。易水之畔有荆轲坚毅而悲壮的身影，桃花潭有汪伦诚挚的踏歌送别，黄鹤楼边有孟夫子漂流而下的轻舟……一张张恋恋不舍的脸庞，一种种坚忍不拔的人格精神以及一个个千古流传的神话传说和传奇故事。

细读中国经典文学，几乎无水不写。水作为人的对象物，浸透着古今智者博大精深的人文精神，人类的心理、人格、人对客观世界的感知、认同乃至意识与哲理的升华，皆以"水"为载体被表达得淋漓尽致。

一方水土养一方人，水的灵性、水的气魄、水的魅力，沾染了水边人们的睿智、多情，受着水的浸润的人们也创造出了光辉灿烂的华夏文明。东莞女子的秀美婀娜、贤惠持家，正是淙淙流水淘出来的清新。

如今，水污染日益严重，我们是否该敲响每一个人心中的警钟，多少人寄情于水，又有多少人因水而生，珍惜这份情吧！水教会我们的，是思想的升华，是感情的沉淀。爱护水吧！人类因水而活着。

古人比我们幸福。他们懂得悠长的水、浩瀚的水、秀美的水和清白的水，我们只看见了污浊的水。

古人比我们智慧。他们懂得让悠长的水有灵魂，让浩瀚的水存骨气，让秀美的水展容貌，让清白的水树人格。

古人不用保护水而保护了水。他们深深懂得，水是万物开始的源头，那是生命，不用保护，应是守护。

但愿现代人懂得生命从海洋中诞生，并一步步进化，终而成就了拥有智慧的人类。但愿现代人懂得用智慧去保护水，用行动去证明心动，我们不是破坏生态平衡的罪魁祸首，我们是和平主义的绿色主张者！当人们肆无忌惮地往河里排放废水、乱扔垃圾时，是否想过在未来的某一天我们会因此而愁眉苦脸。当河水里细菌丛生，你还愿意它流进自己的家里吗？当河水又黑又臭，你还愿意在河堤旁抒发你的千思万绪吗？

人不是无情的机械。我们对生者抱有尊重，对弱者抱有同情，所以更应该对创造我们的自然常怀感恩。古人云："知行合一，止于至善。"把一己私欲忘掉，把自己融入事情中，尽物之性，然后把事情做到最好。当我们心存良知，人人都自觉地节水护水，那么保护家园，何谓之难？

"水文化"的源流生生不息，构成了五千年文明历史的华夏文化之一。而生为炎黄后裔的我们，更应该承担起我们肩上的责任，保护这个九百六十万平方公里的家园，并谱写出中华民族的新篇章！

（东莞市电子商贸学校会计 1602 班，指导老师：苏细华）

水　说

曾慧蕾

我是水，我是生命之始。地球的血脉，是我。

初

　　我的起始，是一片混沌。几十亿年前，地球诞生了，我，便出现在那儿。我是水，海洋是我的化身，我曾是地球最真挚的伙伴，越过了所有的大洲大洋，千山万水，千沟万壑。那个时候，地球，还是一片晶莹。然，我却真切感受到了，平静的波澜之下，是生命的搏动。

　　不久之后，我发现了几片薄薄的陆地未被我覆盖，光秃秃的，像是在渴求着什么，露出了灰黄的土地。我似乎是心动了。尝试着浇灌了这片荒凉，瞬间，枝条像太阳的火焰一般热情地抽了出来，枝繁叶茂，花开花落。

　　我惊喜地看着绽放于我掌中的这片翠绿，才知道我竟拥有如此奇妙的力量，能使生命显现得这般灿烂。

　　那也真正证明了，我是生命之源，任何生命都离不开我。

　　自此，我便陶醉了一般，不断创造着新生。

史

大片大片的陆地因我的退出而显露了出来，同时也有无数的新生命伴着这片土地一同出现。我关爱着所有生灵，尽我所能去帮助它们，呵护它们，爱着它们。我一直在付出，却从未向任何生物索取过。如同一个母亲一般，对待她自己的珍宝——她的孩子那般。

千万朵生命之花，在这片辉煌的土地上绽放。我常是欣然，看着鹿儿在山丘上跳跃，看着猿猴在幽林中穿梭，看着鲸鱼在深海中歌唱，心儿，便也陶醉了。只想守候我可爱的孩子们，宁静地、慵懒地度过无数个春夏秋冬。

然，很久之后，一种生物引起了我的注意。

他们自称自己为人类，为天地之间的骄子，是世界的主宰。我面色宁静地听着他们歌颂自己的伟大，心中却是忍不住偷笑：笑他们的无知天真，笑他们的狂妄自大。

所以，偶尔我也会挥挥指，引起一些不大的灾难以压压他们嚣张过头的气焰，提醒他们莫要妄自尊大——毕竟，他们曾来源于我，而大自然才是最强大的。然而，在我意料之外的是，人类，不仅没有稍稍收敛，反而更加贪婪，多少次都叫嚣着要征服地球。

我又暗暗笑了，但始料未及的是，这一次，无知的是我。

终

人类啊，在我仍惺忪的时候，将我在陆地上的部分囚禁了起来。

我忍耐着。我知道，我的孩子们又能有什么办法从微不足道的我身上牟取些什么能令他们欣喜若狂的利益呢？然而，我错了。他们癫狂一般地开垦着原始的土地，我看着那些嫩绿的刚抽芽不久的草儿在腥甜的沉重铁器下发出支离破碎的最后一声，心中痛不欲生——草儿，同样是我的孩子啊！人类这是在，手足相残啊！

在我仍未从悲痛中醒过来时，他们便将闸门打开了。我咆哮着汹涌着向前，想要给那些幼稚的人类一点教训，却发现我的身体正不住地往土下陷，我惶恐了，不住地挣扎着，却是无济于事。

我最后望了一眼岸上的人类，他们都笑着，笑声肆意地奔涌了出来。

我终于意识到了什么，不住地颤抖了起来。是恐惧？抑或是愤怒？

他们在我的血脉上扎了根，不住地汲取着、榨取着我的血汁，即使河床已经见了底，仍是不肯放弃那最后一点可怜的水源。最后，如他们所愿，我终于发怒了。

我不需要做什么，只须悄然离开，他们便会落得一个悲惨下场，因为他们属于我，一切生命都源于我，一个离开了母亲的幼稚的孩子能做些什么呢？若我离去，我知道，所剩的只会有枯枯白骨。我知道，这里将会变得漫天黄沙，而所有生命都将如这沙般流逝。

这代价实是太过惨痛。

我看着被砂砾揉碎的夏日斑驳地刻在那片死亡之上，看着这再无一丝气息的深渊，痛苦地流下了眼泪。

这是最后的告诫。

人类啊，你们也是我的孩子，我同样深爱着你们。

你们的一切都属于我，都源于我。若我想，我随时可以将这一切收回。你们是聪明的，可惜，你们似乎并不懂得这个道理。你们无节制地收割我其他孩子的生命，却仍无愧疚之意；你们无节制地挖去我守候的这颗星球的资源，却加倍贪得无厌。若你们仍不悔改，一意孤行，我也只能大笑着流泪，而后等待你们悲剧结局的收尾了。

这一切，大自然终会了结。

没了你们，我可能会心痛一阵子，但也仅仅如此了。

先前因你，因我而死的那片绿洲，我终是不忍心。犹豫了许久，终是决定将我先前从你们魔爪中逃脱的那最后一部分血液，奉献给这片拥有孕育着无数生命潜力的土地。尽管自此以后将再无我的声音，也足矣。

我的身体在下陷，我的力量在流失，我的精魂在涣散，我知道，这片土地将很快恢复生机，因为我是生命之源，可脑中最后忧虑的，仍是人类。

可我已经无力，所做的也就只有仰天大笑道：

"人类啊！生存还是毁灭，只取决于你们弹指一挥间的欲望！人类啊，你醒悟吧！"

自此，魂飞魄散。

（东莞厚街丰泰外国学校 805 班，指导老师：陈莉婵）

变　迁

张雅琳

序

我终于看到那双澄澈到极致的蓝色眸子，她深深凝望着我，当中的悲伤几欲喷涌而出，我的眼皮仿佛有千斤重，压得我困倦极了。我依稀看到她的眼中滚出一粒晶莹的泪珠，似当初一样好看的蓝色。

那泪珠中折射出这些年的变迁，我仿佛看到那泪珠在不断延伸、扩张，拉扯之中汇聚成一汪清澈的潭水，流入蜿蜒的小溪，奔向曾经广袤的大海中去……

一、古时

我是一颗沉入水中的睡莲种子。

我还记得第一次睁眼时的情景，那是最好的时代。

睁眼，仰望，透过清澈的溪水，我看到映在水面上粼粼的光，鱼儿时不时从我头顶掠过，带来巨大的阴影，我听见人们不远处的嬉笑怒骂声，我喜欢这里。

穿着粗衣麻裤的人忙忙碌碌地播种，盘着简简单单的发髻，佝偻着身子，任凭汗水流淌。这可真是新奇。我看到有人来了，睁大眼睛向上看。一位身着绿色罗裙的少女，戴着简单的白玉簪，悄悄地溜到河边。她左看看右看看，圆圆的眼睛转几转，神气极了。她悄悄提起裙角，蹲下身来用白皙的手触碰那河水。

我这才发现，她的眼睛，是和溪水一样好看的碧蓝色，纯净、美好。

"阿碧！别顽皮，险些污了水。快些来帮忙！"远处妇女轻声呵斥，少女吐吐舌头，转身轻快地走远，我只看到裙摆在河岸飘转了一下，便消失了。

我抬头看看天空，透过波澜的浪纹，溪水清澈极了，绿藻在水中轻微摆动，鱼儿自由自在，我喜欢这个地方，喜欢那个少女宛如大海一般的蔚蓝瞳孔。可我还想去外面看看，我想看更广阔的世界。

在那之前，我要长大。

可我没有想到的是，这片土地随着人类的变迁，竟然消失得无影无踪。

二、现代

我没想到以后会是这个样子的。

我被挖掘出来了，在一个大大的水缸里。我感觉到自己发芽了，小小的、嫩嫩的一枝。可没有人欣赏我，只有一个穿着白大褂的男人，他时不时凑到偌大的玻璃缸前看看我，黑色的瞳孔中流露出些许贪婪，喃喃自语："这可是极品睡莲，值不少钱呢……"我害怕这种眼神，我想念那双蓝色眼睛，可我再也没有看到过。

我不喜欢这个地方，偌大的工厂，机器轰隆隆地运转，污水在那隆隆声中流出去，流进我喜欢的澄澈的溪流里，只刹那间，污浊的黑水侵蚀了河流，垃坂漂浮在河面上，散发出阵阵臭味，我最爱的蓝色变成了黑色，那黑色就像是那男人的瞳孔，深不可测，仿佛一个巨大的黑洞，吞噬着一切美好的东西。

更令我心颤的是，工厂里的工人似乎已然麻木，呆滞地站在水龙头前洗手，似乎洗不净那污秽似的，任凭那水哗啦啦流着，没有一点反应。这里的一切让我感到可怖，我最喜欢的是被人推到外面晒太阳，外面高楼大厦鳞次栉比，强光从玻璃反射到我身上，照在身上火辣辣地痛，可我也不想离开。

比起黑暗，我宁愿刺痛的光明。

一股水流猛地喷射到我身上，我努力睁睁眼，看见一条水管嗞嗞地喷着水，无人理睬，孤零零的，不知道流了多久。

我心底一片寒冷，久久回不过神来。

三、未来

这些年我睡得很不安稳，时而清醒时而迷惘，但我还是开花了。

这个世界上的水少得出奇，只剩下无法被过滤的污水。而我由于被浇灌了含有化学物质的水，花瓣变得奇怪极了，一瓣已经发黄褪色，还有一瓣呈现出冰冷的黑紫交加的颜色。其他的也不是我原所期望的粉红色，而是夹杂着杂七杂八的混色，可我心中一片平静，我知道这是必然的，我不愿再去期待什么。

人类终于为他们的愚蠢付出了代价，水源已然不多，只有每周限量发放的水。他们的样貌也变得恐怖极了，皮肤干裂得像被分割的大地，变成一块块残存在脸上的皮，边缘被炙热的太阳烤得翘起，呈现出病态的红色，像是童话故事里描写的怪兽，看样子比我也好不了多少。

我被许多人转卖，只为了得到小小的一桶清澈的水。他们喝水时脸上的餍足让我不得其解，仿佛过去无限浪费污染水的人不是他们似的，真是讽刺啊。

那一天终于到来，人们像往常一样撕扯着争抢水源，拉水的人沉重地摇了摇头，眼底一片绝望，颤声说："……再也没有水了……"

"啊——"一阵沉默后，人群中爆发出一阵刺耳的尖叫声，夹杂着号啕大哭。只那一霎，人们四处乱撞，眼睛红得可以滴血，叫喊声、哭泣声交错。

我竟觉得听起来悦耳极了，静静地躺在地上欣赏着人类的惨状。可我知道自己也要不行了。

一双手轻轻柔柔地将我捧了起来，我费力地看去，一个小女孩，她的蓝色眼睛中流露出无言的悲伤，我终于再次看到了这双眼睛，纯净极了，不是漠然的黑色，也不是疯狂的红色。我看着那双眼睛，心中悲伤极了。我想起第一次见到它的样子，快乐得无法言喻，可现在……世界为何变迁成这样？

我累了，缓缓闭上了眼睛，最后的瞬间，我看到了她的泪。

她的泪真美。

就像我当初见到的，纯净的蓝色。

（东莞市东华初级中学 216）

我的"报复"计划

叶　彤

"都让开！上厕所！"我从房间破门而出，像脱缰之野马飞速向前。"给我一点时间。"一个声音将我止住——正在睡午觉的爸爸语音未落就如离弦之箭以迅雷不及掩耳之势到了厕所并带上了门。我的战斗力顿时倒退为负，就连忙抱住痛得半死的肚子，蹲着、站着、走着、跑着，就是为了寻找解痛的方法。

在大家猜测爸爸究竟在厕所里干什么的时候他出来了，笑哈哈地望着我，手里还提了桶湿衣服。我冲向厕所重重地关了门，那一刻像把刚才的度日如年通通释放出来。在我冲厕所的时候被一桶满是泡沫的水给吸引住，正是爸爸的成果，我指着水一本正经地说："原来你才是罪魁祸首！"我坏坏地提起了旁边干净的水倒入厕所。好！一不做二不休，我顺手提起了周围的水全部倒入厕所，作为爸爸让这么可爱的小女儿饱受肚疼折磨的惩罚，我决定了处处与他作对。

说到报复，当然先要摸清爸爸的行程路线。

最近爸爸总是神神秘秘的，提着几桶水往阳台去，我就悄悄在家里"跟踪"，原来爸爸每天都会按一条路线走上很多遍，可能是爸爸中了什么邪，把以前不会做的事都做了。首先，爸爸先去奶奶那儿把一日三餐的淘米洗菜水存着，再到爷爷和妈妈那收好洗衣服剩下的水，甚至每天叮嘱我在学校回家时打一瓶水，我当然不答应啦，他也没办法呀，然后把每天可以节下两桶多的水轻轻提上阳台，爸爸总是对水小心翼翼的，看墙上的壁虎都像在看饥渴的人，再过一会儿就整个人放松地回到了房间看日历。我总像小偷一样上阳台看个究竟，可我发现水没有用来浇花，而且刚洗过衣服的地板还是干的，难道爸爸连洗衣机里的水也不放过吗？正是如此。

我把整个阳台倒过来翻了一遍，没水啊！我眼前的水缸好像放了很久没动过了。我索性把头探进去一看，嘿！还真有水，于是我的小恶魔又被召唤出来了，我一勺一勺把水倒在花盆里、地上，舀起水往天上一泼，好像下雨一样好玩，我带着水旋转着，看水印在地上成了花朵。夕阳下我裙舞飞扬，水漫步街头，阳光碎在我花边裙上，每根骨头都在快乐地尖叫，我很满意这次报复，决定放爸爸一马，直到把水缸里的水耗尽才悠闲地回到楼下。

可是晚饭后新闻里突然说停水，可让我们慌乱了，这时爸爸无比骄傲地站起来，高八调说："我早有准备，水够我们用。"这才把我们的心安下去，可我又紧张起来，难道说够用的水就是我挥洒的水吗？我不相信，再问："那水在哪儿呀？""阳台那水缸里。"噢！苍天啊！我该怎么办？一旁的我呆住了，只能靠墙壁做支撑回到房间，整夜不能入睡，好像微微触碰到我的错误。

第二天醒来爸爸不见了，听妈妈说爸爸看到空落落的水缸生气了好久，现在只能提着水桶去村头那条河打水。"再给我两个桶"，爸爸的声音如同过了十个年头的苍老，我连忙跑下去，一个硕大的身影能冲破屋顶，肩上的扁担好像有千斤重，厚发被汗水包围笼罩着头，衣服也已完全湿透，浅灰遮不住的腹肌偷偷溜了出来，而手边的两桶水完好无损。接着爸爸再次出去打水。他用手攀在扁担上，两脚再向上缩，他粗壮的身子向左微倾，显出很努力的样子。这时，我看着他的背影，鼻子不禁酸酸的。

是我不对，我不应该和水赌气，不应该和爸爸赌气，不应该无缘无故把水浪费了。如果我懂事一点，爸爸就不会那么累了；如果我会珍惜水，爸爸就不会跑去挑一桶又一桶水了。什么报复计划？真是可笑。从那以后，我开始了节约用水的长跑，不为别的，就为了可以让爸爸不用再挑水上下几层楼，不用再在熟睡中惊醒只为了省水。水啊，平平淡淡的，无色也无味，却又无处不在，也不可缺少。

〔东莞市道滘中学初一（8）班，指导老师：李小慧〕

寻 水

邓雅婷

凄风，苦雨，昏天，暗地。

少年屹立在礁石上，海浪猛烈地拍打着礁石，少年屏气凝神，细细地分辨着飘在风雨中清亮歌声的方向。

蓦地，少年拽紧了斗笠，朝着大海的方向跑去。

那婉转的歌声呀，在风雨中飘飘忽忽，忽而感伤，忽而愤怒。

少年迎着狂风暴雨，步伐踉跄，却丝毫没有停歇，冲着歌声的源头寻去。

海滩上布满了病畜的尸体、人们的生活垃圾，有些已经腐烂生蛆，在海浪的拍击下漂向海中，垃圾的污水和海水融为一体。一股腐烂的恶臭夹杂着暴雨向他砸来。歌声消失了，他打着手电，屏住呼吸，小心翼翼地跨过那些垃圾和尸体，少年发现她的时候，她躺在水坑里，垃圾缠了她满身，不可思议的是，水是紫黑色的。

他努力睁开眼，极目远眺——整片紫黑色的汪洋，映入他眼帘。

少年抱起女孩，艰难地回到家中，将女孩的身子擦净，给她盖上棉被。

女孩渐渐苏醒，嘴里嘟囔着："水……水……"少年起身，倒了一杯温开水喂给她，温水入喉，女孩突然蹙紧蛾眉，猛地吐了出来。

"谢谢你救了我……但我需要一滴干净的水……不然我会死的，如果我死了，人类将陷入万劫不复的境地……"她瘫倒下去，声音轻薄如蝉丝。

少年心中疑惑，有许多问题想要问她，"姑娘，你可千万别想不开，一切都会过去的。那片海究竟是怎么回事？"

女孩听了，胸脯起伏得厉害，双目怒睁，愠怒道："过去！我给过了他们多少次机会！可是他们一点悔改之心都没有！一次次伤害我，那片海就是他们愚蠢的行为所造成的！但别担心，只要我活着，它就不会像昨晚那样。但是，我只能坚持三天了。"末了，她摆摆手，面露哀求之色，"我求求你，你带我去找一滴干净的水吧。"

少年心里如暴雪过后一般冰冷，害怕得手指发颤，他不敢面对那片紫黑色的海，以及地球的未来。

少年叹了口气，道："现在当务之急是去给你找干净的水，去月牙泉。明天我们上路吧。"

翌日清晨，少年背上行囊，指着破旧的地图给女孩指明路程："我们先渡过小溪到小镇上搭车，然后坐车到月牙泉。我外婆说呀，那泉水啊，明净碧绿！"

女孩笑了，拉着少年的衣袖奔跑起来。他们走进树林，分花拂柳，裤腿上挂满了草屑，偶尔有调皮的蛐蛐跳到他们腿上。在树林里越走越深，只听见树林深处有泉水淌过的声音，一股恶臭在空气中氤氲开来，走得越近，臭味越浓，他们只好掩住口鼻，脚下的草已经焦枯，裸露出黄色的土地，再也没有调皮的蛐蛐跳上腿来。

到达岸边，男孩猛地伏到在地上干呕起来，只见一条黑黑的溪流像毒蛇般在林间蜿蜒，溪边的草早被毒液腐蚀，焦灼一片。溪中毫无生命的迹象，有的只是腐烂的鱼尸漂浮在混浊的水面，水面上漂浮的油垢，一团团黑色的泡沫，在阳光的照耀下泛着光。

男孩用瘫软的双臂将自己撑起来，看着山脚下一座座工厂，源源不断的黑色毒液从那里不断涌出，胸腔中沸腾的怒火升腾，冲得他头晕眼花，仰天长啸，泪水不住地决堤而出。

印象中这条可爱的小溪，干净单纯，它只懂得潺潺地流，像慈母般陪伴他成长。时而欢快跃起的浪花，是它温暖的臂弯；水底圆润的鹅卵石，是它宽容的怀抱；敏捷机灵的鱼儿，是它可爱的灵魂……

可如今——恶臭、污秽、肮脏，他眼睁睁看着人们往小溪里排污，凌辱它、糟蹋它，如果没有这些人的贪念，没有这些人的欲望，没有这些人的不负责任，他的小溪，是不是还会像从前那样干净漂亮？如果世界上每一个人，都像爱护自己身体一样爱护身边的花花草草，爱护珍惜每一滴水，不去污染它，是不是那样的世界比这样的世界更加美丽可爱？

他拉起被惊得愣住的女孩，步履艰难地向前方大步走去，他让刺痛的心平静下来，现在当务之急，是找到干净的水。

到达小镇，正遇上赶集，但市集上却没有了以往的热闹喜悦，来赶集的小贩也没有以前那么多了。女孩看见一位衣衫褴褛的大妈走进小店，向身着华丽的店老板询问着什么。

她走近，只听见大妈哀求着老板："大好人，您就便宜点吧……我们一家老小都渴了三天了，一滴水也没有，今年收成也不好，您就行行好，便宜点吧……求求你给我们一滴干净的水吧！"

老板吹胡子瞪眼，斜着眼打量了大妈一番，冷哼一声，尖酸地说道："没有钱喝什么干净的水哟！快走走走！别妨碍着我做生意，沾走我的财气！"

女孩正想臭骂老板一顿，却被男孩拉住。

"你看。"

在路边，只见一群小孩趴在地上围成一圈，衣服补得看不出原样，围在一圈不知道干什么。

少年拉着女孩走过去，只见小孩们围着地上一摊泥水，小手捧着肮脏的水不停地往嘴边送。一边喝一边跟身边的同伴说："慢点呀！慢点呀！我还没喝够呢！给我再留一口呀！"

女孩的眼泪就掉下来了，说："我一直以为人们伤害的是我，原来，人们伤害的是自己的同胞。"少年的心冷到麻木，缄默不语，该怎么做，该怎么说，才能让他们明白自己的愚蠢，才能让他们停下愚蠢的行为？是不是到了绝境，他们才明白自己的罪恶。他永远也想不明白，当那些破坏大自然而谋取利益的人拿到那些肮脏的钱的时候，他们会不会在夜里做噩梦？他们可曾想过，这些钱，全是由人的血肉堆成的？当他们数钱时，他们可曾想象，一群小孩围在路边的水坑边抢水喝？当他们吹着凉爽的空调，他们可曾知道，农民在农田里辛辛苦苦耕作，却因为没有干净的水源灌溉庄稼而绝望和难过？

他摇摇头，拉起女孩离去，他不忍心回头再看一眼。

翌日，他们登上前往月牙泉的车。

当他们赤脚走进这片金色沙漠时，已是黄昏了，太阳正落下地平线，辽阔的沙漠被染成一片血色的红。

"我奶奶说，月牙泉的泉水呀，明净碧绿，池底随处涌起亮晶晶的水珠泡，一串串，一簇簇，大小错落，在婆娑点点的阳光下，闪闪发光，如同苍穹中闪耀的星芒……平常人都不知道月牙泉的！只有当地的人才知道，我奶奶就是这儿的人，我很小的时候来过，很漂亮。"少年脸上满是憧憬和向往。

女孩兴奋雀跃，"太好了！我可以救那些可怜的人了！"

他们行走在沙漠，好不容易看到一个村民，走上前向他询问去月牙泉的路。

村民只是一脸讶异："月牙泉?！哎哟！前几年给旅游开发商过度开发得不成样子啦！刚开发出来的时候游人络绎不绝，这水还能干净吗？现在已经没有月牙泉了。"

女孩瘫坐在沙漠上，目光呆滞，她站起来，拉住村民的衣袖，嘴里一直重复着："给我一滴干净的水……干净的水……"

"你不信是吧！我带你们去瞅瞅！"村民带领着他们，走到一个沙坡上。

站在沙坡上，他们俯视着下方那片荒漠，辽阔得望不到边际，在这里，大地似乎褪去了它的外衣，向他们展示着那丑陋恐怖的伤疤，他们能看到，那一棵棵奇形怪状的胡杨树，像战败的战士一样匍匐在地上，毫无生机的灰色树皮，一根根扭曲的树枝，像绝望的哭喊，又像是向谁伸出的求助的手。一片萧索。

　　女孩蹲在地上无奈地哭了起来，她摸着自己连夜赶路脚上磨出的水疱，呐喊道："为什么我想拯救他们，他们却一直毁灭我？为什么我给予了他们这么多，他们却连一滴干净的水都不给我？是不是真的山穷水尽，他们才会忏悔，才会磨灭掉那些可笑的欲望？他们的贪欲毁灭了我，同时也毁灭了他们自己！"

　　她站起来，说："陪我跳支舞吧！"

　　落日黄沙，轻风晚霞。

　　他拥着她，光脚踩在沙漠上，在晚风里跳舞。

　　殊不知，这是自然留给善良的人们最后的馈赠。

　　一舞毕，她瘫软在沙漠上。

　　就在他倒下的那一刻，沙漠上狂风肆虐，接着下起了暴雨，他努力地睁开眼——

　　他看到茫茫的沙漠中，下着紫黑色的暴雨。他突然跪倒在女孩身边，无力地瘫倒，在女孩的身边死去。

〔桥头中学初二（10）班〕

生命之水

梁琬婷

水在这片土地上缓缓流动着，自然而平静。运河，曾是东莞人记忆中的生命河。但，谁又能想到，她经历过那么多的磨难，那么多次变化……

我未曾领略过运河百年前的辉煌与伟大，我只知道，如今的她已不复当年。我曾看过她一回，那水是墨色的绿，略微的混浊让她看起来那么衰老，甚至散发着一种恶臭，也没有人知道，沉在水底下的是多少垃圾、多少污秽。仿佛能让人听到，她在哭泣，在悲哀自己。

闭上眼想象，我仿佛看见了她百年前的模样，生机勃勃，充满活力，清澈如一面明镜，没有垃圾的掩盖，没有人们肆意地索取她的一切，有的只是人们划着船，在河面上欢声笑语，他们感谢这份来自水的馈赠。我想知道，在东莞，以这条河为代表的千千万万条河流，甚至是小溪池塘，她们都还好吗？

不久前曾看到一则令人心寒的数据，东莞是用水量排第一的城市，却也是本地水资源严重缺乏的城市，人均占有水量远远低于严重缺水线。是的，远远低于，或许有人不大相信，但事实已摆在眼前，在这真切的事实面前，我们不得不承认，东莞并不是"水上威尼斯"，她没有无止尽的水资源，也没有永远不干涸的河流。

当人们还在随意地朝河水里扔破罐头、垃圾袋，河流还会清澈吗？当人们还在建立各种高污染工厂，河流还会洁净吗？当人们还在肆意地浪费水资源，河流还会流淌吗？我不知道，这些河流还会哺育我们多久，我只明白，他们在减少，在逐渐变化，变得污浊而不再平静。有人曾说："这世界上的最后一滴水，将是人类的泪水。"但我想，现在的那一条条河流，或许也是泪啊，那是大自然流下的泪水，是千百条河流在为自己的未来而悲哀。

每一个人都知道，水，是生命的源泉，对于我们是多么宝贵。当今社会，"珍惜水资源""不要浪费水"等呼吁声不绝于耳。但，我看到了什么？人们随手将喝完的饮料瓶扔进河水；水龙头在"滴答滴答"地滴着水；泥沙在河流底下堆积着，甚至将清水染成了泥土的颜色……还有那么多的事例，都在谴责着我们的良心，我们真的做到了节约用水吗？

再一次，我走到了运河边，这里在逐渐变化，逐渐变得更美好。我不再闻到曾经的那股恶臭，反而是一种淡淡的清新感。路旁的树木倒映在水面，摇曳着。水面上微波粼粼，不同于以往那黑绿的颜色，她只是清新的绿。最让我惊讶的，是水中的几条小鱼，它们挤挤攘攘，聚集在一起，在水面上吐着泡泡。我不禁笑出了声，原来，这条运河也是有生机的；原来，她也能再次变得美好。我知道，这还不是她最初的容貌，但我相信，当人们真正做到节约用水、真正明白水资源是多么宝贵后，她会恢复当年的美丽的。

希望犹存，那么我们就不能放弃。水是生命的源泉，她需要我们去保护、去热爱。

愿每一个人都惜水，爱水……

（东华初级中学初一年级二校区101班）

171

淼淼归来

孙璐璐

一、我爸爸不是坏人

"发现一颗!"

一个身穿透氧衣的人拿起石缝里那颗正发光的石头对着通话器讲道,然而刚说完便晕倒在地上了。

淼淼突然从他背后闪出,扒出他手里的石头后,丢下作案的榔头拔腿就跑。

这里是3334年的地球,坐标:地幔过渡层。

地球上的水源几近枯竭,大气自循环系统受到严重损害,人类只能通过采集地幔过渡层中含水量1.5%的尖晶橄榄石来提炼水分子,再将其转换成水。但很快这种矿石便万金难求。

"你们看!"淼淼站在一群孩子中间,摊开手,将那颗小小的矿石展示给他们看。坚定地说:"我爸爸不是坏人。"

"这是假的,他为了得到这些石头杀了那么多人,怎么会给你?"

一个稍大的孩子不信，随后摁了腿上的按钮，踩着飞盘走了。

"我们才不要跟杀人魔的女儿玩！"

另一个男孩对着那小女孩呸了一声，带着几个孩子也走了。

偌大的沙地很快只剩下森森一个人了。

"蝎子，你说爸爸为什么要做那些事……"女孩从衣袋里拿出一个棱角分明的培养皿，里面是一棵含苞待放的蝎子草。

"到底是……为什么啊……"森森喃喃自语。

蝎子草奋力摆动着花骨朵儿，似乎在安慰她。

森森再也忍不住低声抽泣了起来，但她却流不出一滴泪。

二、爸爸，我恨你

"什么时候学的坏习惯，抢东西？"博士厉声问道。

森森被关在透明罩子中动弹不得。

"博士，W 的大军来了！"一个卫兵突然慌忙地跑进来报告。

"你，看着森森。"博士指着卫兵，拿着台子上的橄榄石向门外走去。

森森知道，父亲是要去那个叫往生谷的地方了。

其实水资源在十年前还没有如此匮乏，这一切都要归结到那场大战。

百里外的往生谷便是大战的主战场，为了争夺最后水源的所有权，数国大军同时进行厮杀。

核弹激光交织，让黑夜亮如白昼；漫天的飞船碎成巨块，钢筋铁甲眨眼成灰。混着漫天的烟尘，让人分不清到底是沙土还是骨灰。那是场有去无回的战役。

"为什么要杀他们？"森森问。

那时博士带着她躲在 77 号地下室里，埋头飞快地输着数据代码，屏幕上的铁甲大军正肆虐地扫射轰炸着。

"成王败寇，能获得这世间无尽财富的只能是站在食物链顶端的人！"博士满眼红血丝，趁着进攻的空当看了森森一眼，回答得不屑一顾。

"爸爸。"森森眼中噙着泪水，失望地喊道，"我恨你！"

回忆往昔：以生命为代价换的水赐给那些战功赫赫的人，而那些人又用橄榄石换来了几世都用不完的财富。

这是世代相传的真理——财富即所有。

就这样，罪恶的交换伴着贪婪，地球的水资源很快短缺直至枯竭。

三、一定要阻止爸爸

森森趁着卫兵换岗，利用装着蝎子草的培养皿击碎玻璃罩，逃了出去。

曾经，爸爸不是这样的。

过去，爸爸会亲手给她做防尘服，会带着她通过实验室的电脑去看这有趣的世界。就连这世上仅存的一株蝎子草，也是爸爸带着她去沙漠时发现的。

她将蝎子草护在怀里，顺着冷气通道爬到了地面。按了腿上的按钮，坐上飞盘朝着往生谷方向飞去。

一定要快！一定要快！她要阻止那个已经入了魔的父亲。

距离往生谷7公里路程时，天边飞来了一个近乎透明的追踪机器人，好在森森机警，意识到空气流动不对便拐了个弯。谁知追踪机器人忽地一闪，闪到了她面前。

随后一阵天旋地转，森森不省人事了。

四、神秘老人

醒来时，森森发现自己全身僵硬，被困在激光牢笼里。

"传闻说博士的女儿身上藏着一个惊天秘密。"说话的是个枯槁的老人，

"没想到你竟自己送上门了！"

森森这才后知后觉，原来父亲囚禁她是为了保护她。

"我爸爸在哪儿？"此时此刻，森森越发地想见到爸爸。

"一会儿你就知道了。"老人冷笑了两声，不见了。

五、致命的把柄

果然，一会儿爸爸的先锋部队到了。

"十万颗尖晶橄榄石，换你女儿！"老人把森森带到了前线，向博士吼道，"只要不找到你本人，铁甲大军是打不散的，灭了一批还有新的一批。"

毫无疑问，老人的策略很成功。

博士坐在第43号地下室里，不断地下达着操作指令。这里没有丝毫水汽，空气对流也已经停止，无风的往生谷在高温的炙烤下显得极其飘忽。奇迹在哪儿？无人知晓。

"十年前被你逼得走投无路，靠喝队友的血活了下来，你以为我这次会轻易放过你？"老人继续怒吼着。

六、这爱，对还是错

"我数到10，不回答的话，我不介意再多喝一个小姑娘的血！"

干燥的声音再次响起，博士的额头已经滚满汗珠。

老人数到9的时候，博士急急地说了一个字——"好"。

谁知尖晶橄榄石还未到老人手里，天际突然划过一颗核弹，引爆了W公司不远处的一个守卫机器人，顿时嘈杂声密布，砂砾纷飞。

一道白光闪过，博士抱住森森，驾着飞盘向远处逃去。

"爸爸！"

事情发生在电光火石之间，当森森反应过来的时候，爸爸已带她逃离了往生谷。她因为太过害怕，一直紧紧地抱着博士。

"没事的，没事的。"博士撩开森森额间的乱发，不断安慰着她。

后方传来钢铁摩擦空气的吭哧声，森森回头一看，老人操纵着机器人紧紧地追了上来。

"爸爸，您把石头给他们吧！"

博士摇了摇头，没说话。他看了看后方穷追不舍的人，眉头紧皱。

"为什么?!"

都到了如今，为什么爸爸还是不肯回头。她不懂，不懂财富真有那么重要吗？重要到生死不顾？

博士终于开口了。

"那是我不在之后，依旧能让你活在世界顶端的东西。"博士边说边把橄榄石塞到森森手里。

原来，爸爸从来就没变过，还是视她若明珠。

可是，这爱啊，是对还是错？

七、水是地球妈妈的眼泪

博士的手指在键盘上迅速跳跃，不断加大燃料供应速率，飞盘持续加速，这才与后方的人拉出一段距离。

然而十年的磨砺带来的不仅是老人容颜苍老，更是与博士匹敌的狡诈。正当森森将装着已经结了种子的蝎子草的器皿死死地护在胸前时，后方一颗追踪弹锁定了她。

"嘣！"

一声巨响，博士和森森被甩出飞盘。森森像只折了翅的雨蝶坠落在沙地里，溅起一圈沙土。

"不!"

他与自己心爱的女儿距离不过百米,但却永生永世不得相见了。

"放弃吧!你……"

老人的话还未说完,只见森淼的骨骸周围泛起了一层光圈,那张已然看不清面容的脸上落下了一滴泪,缓缓渗入了培养皿的裂缝,突如其来的强烈光芒将往生谷的肃杀掩盖得一丝不见。

霎时草苗蹿高,外壳崩开,蝎子草倔强的绿布满了森淼的骨骸,并向着四周扩散、扩散……

森淼走了,但她留下了片片绿洲,潺潺流水。

八、淼淼归来

"爸爸,水是不是地球妈妈的眼泪?"

"是的,所以我们要好好利用水资源,不让地球妈妈多流一滴泪。"博士走到小溪旁,蹲了下来与女儿平视。

"爸爸,蝎子草好顽强啊!居然生长在这片滴水不降的沙漠里。"

"没错,更神奇的是,它极少开花结果,所以这是世上仅存的一株了。"博士满眼慈爱地答道。

"爸爸,他们说我和别人不一样,我不会流眼泪。"

"为什么要和别人一样呢?爸爸在你出生时给你施了'魔法',把我毕生所得装在你的一滴眼泪里了,所以森淼的眼泪,可不能轻易流呢!"

"博士,该去记录降雨量了。"助手阿淶已准备好记录仪,站在实验室整装待发了。

博士突然抬起头,原来是自己睡着了。他望向窗外,郁郁葱葱的蝎子草抽着嫩芽,与雨后的天际浑然一色。

森森，你的泪水、蝎子草的种子加上由橄榄石提纯出的成分结合时会发生化学反应，转化为源源不断的水资源。只是蝎子草已经几个世纪不再开花，爸爸只能一边等待一边开采橄榄石，表面上和那些贪婪的人毫无分别，但实际上是在做提纯研究。可是爸爸的身体每况愈下，这一切原本都是留给你的——水、财富、权力……

"到往生谷记录去。"博士答道。

森森，从此爸爸会替你守护好这个新的世界，地球妈妈也不会再落泪了。

博士与阿溙的背影远去，而那些珍藏在心灵角落里的欢声笑语依然萦绕在我的耳畔，迟迟不愿散去。

（东莞市南城东晖学校）

那河、那水、那女孩

唐楚彦

　　小时候，几个村是相互簇拥着挨在一起，村村环绕着一条条清清的小河，大家都靠那河生活，孩子们也在河畔一天天长大，清清的河水滋润着一切，我们几乎不能离开这河。

　　学堂是后来有的，在这之前，大家都大清早的去河里捉那小虾小鱼。特别是夏季，鸡鸣时，大家就起来了。冬季还未结冰时，小孩子总忍不住去河里踩几脚，这时，往往不久便会有"阿嚏"声传来。

　　到了年纪，该上学堂了。我家还算不错，有个帆布包，虽然是比其他人的新一点，但是也好不到哪儿去。手上抱着一个木头做的小板凳，小包里装满了书本，脸上挂着希望的微笑，我对第一天上学还是挺期待的。

　　突然，我听见背后传来跌倒声，我本能地回头，见着一位小姑娘摔倒在地上，我赶紧走了过去，放下凳子准备扶她，她却一下子站起来，一把抢起我的凳子，往山上跑了。我望着她的背影，非常生气，但是我没去追她，急忙往学校跑。

　　就这样，开学第一天我站着上了一天课。一放学，我仿佛忘了今天的事，一打铃便往河边跑，跑着跑着，感觉身上不太舒服，书包随着奔跑，起起落落不停地拍打我，我不得不先回家。

当我来到河边的时候，河里早就热闹非凡，男孩子们有的光着身子互相泼水，有的在游泳，有的则翻石头找螃蟹；女孩子们有的没穿衣服，大家相互打打闹闹的。水很清，可以看到水下的鱼和虾，很多孩子打成一团在水中摸来摸去，这些小东西便在水里窜来窜去，孩子们的笑声也就越来越大了，水花溅起的高度越来越高。这时，被其他人挤出的我看到一个女孩，她什么也没玩，在静静地用清水洗着凳子，我见凳子很眼熟，便走了过去。我每走一步，水花便飞起来一下，这水花飞溅的声音，被其他的声音盖住了，直到我走到她跟前，还差一两步时，她才反应过来。她一下认出了我，"啊"的一声叫了出来，她脚下一滑，没站稳，眼看要摔进小溪，她却本能地拉住我，我们一起摔倒在清水河中。那凳子一下脱手了，顺着水流往下流。我赶紧用脚一蹬，手一划，唰唰地向凳子游去。她也不甘示弱，手扑过来，拉住我的腿，我身子往下一沉，河水一下灌进我的嘴里，狠狠地呛了我一口。我游动的速度一下慢了下来，她便一下子越过我，向前游去。我迅速抓住她的腿，以其人之道还治其人之身，她一下呛了一口水，游得慢了。

我向她笑了笑，发出了"嘿嘿"的声音，她看都不看我一下，我有点不爽，于是加快了游动的速度，她也紧跟着。水流更急，更深了，凳子也近在眼前。突然一只不明物"啪"的一声撞到我的脸上，哦，是一只大大的河虾被我们惊动，跃出水面撞到我脸上，后面也传来连续的惊叫声，我抓住了凳子，赶紧往岸边游去。

岸有点高，上面遍布小石子，我忍着痛，手脚并用爬上河岸，回头望去，却见她手脚有点忙乱，游得乏力了，好似往下沉，我连忙操起一根竹扁担，递给了她，她一下子抓住扁担，我把她拉上了河岸。

夏暮，一片乌云笼罩在小河边，哗啦啦地，下起了密集的大雨，我向河边望去，一对鸳鸯游戏在大雨中的河面上，我不禁想起刚才的事情，傻傻地笑了。

入夜，有敲门声起，母亲打开门，一个小姑娘躺倒在我家门口。我凑热闹过去一看，原来是她，怎么找到我家来了？但是她竟然睡着了，母亲却说话了："这不是老陆家闺女吗，怎么跑到我家来了呢？"母亲奇怪地自言自语。

这一天，我知道了她姓陆。

我把今天发生的事情，一五一十地告诉母亲，母亲一听，笑了笑说："这样啊，你把她叫醒吧。"我拍了拍她的背，她迷迷糊糊地睁开眼睛，看了看我们，又揉了揉眼睛，从兜里掏出一株小草，说叫铁皮石斛，要换凳子，母亲一看，便喊出来："哦，救命仙草！谢谢，谢谢。"二话没说，便把凳子给了她。

母亲说道："她家跟我们家一样，父亲都在外面工作，她父亲是在外面搞中药的，咱不懂，那学问可大着嘞，不过这年头难活啊，中药也赚不了几个钱，唉……"我顿时对她家来了兴趣。

教室的窗外，一眼可以望到河面，啊！那河是那么美，周围的花和草给它编织了一件长长的霓裳花衣，水里不停跳动、穿梭的鱼虾给它奏响动人的交响乐曲；突然，我望见一个熟悉的身影，是她，在河边洗头，她怎么没来上学呢。

母亲说，她家还有个年龄差不多的弟弟，凳子应该是给她弟弟换的，那以后，我们便成为一起玩耍的好朋友。

不久，父亲赚了些钱，说是要带我们去城里，我不知为什么，感觉总有些失落，有些伤心。我来到小河边，河里满满是男孩、女孩欢快的笑声，笑声感染了我，她在哪里呢？

白墙青瓦的屋檐下，她远远地望着我找过来，开心地笑着，连续几天，我们说着城里的故事，说着家乡的趣事。

多年后，当我回到大庸时，满眼工业时代的产品，宽敞的公路、高耸的办公大楼、颠覆了童年的印象，我已望不到你的身影，看不见蓝蓝的天，见不到那清清的河了……

〔东莞中学松山湖分校初一（12）班，指导老师：郑老师〕

念念不忘故乡的水

欧阳冠芳

水滴"滴答"一声落下，古希腊先哲泰勒斯认为"万物皆由水生成"。由此，开启了海洋文明的时代；黄河之水养育了一代又一代的炎黄子孙，东方农业文明随之兴起……滔滔江水奔腾而至，令我魂牵梦萦的却只有故乡的水。

众人云"水是生命之源"，是水，滋养了土地，让蓝色星球上的生命焕发光彩；是水，催生了荀子"水能载舟，亦能覆舟"的政治理念；是水，告诉我们坚持不懈方能水滴石穿……水，是世界异彩纷呈之源。

水造就了美丽的世界，水更造就了令我难以忘却的故乡水。

我的故乡，在一个偏远而干净的小山村，几乎与车水马龙的城市毫不相干，没有飞扬的尘土，没有刺耳的喇叭，没有黑如墨水的臭水沟……水，在故乡，是美丽、清新的存在。

犹记得，炎炎夏日，正午的静谧总伴着蝉鸣，山村的夏天因为众山的环绕全无城市的炎热。处在烂漫童真时期的我，并不像是正儿八经的小姑娘，总爱与哥哥们一同到小溪里玩水。夏天，山里流出的泉水总是清凉的。阳光透过竹叶，投下了剪影，柔柔的风儿轻吻着水面，忽而一只蜻蜓点水，激起层层水光潋滟。甩掉拖鞋，赤脚没入溪水里，心中仿佛有一股清凉由脚底而生，踩在细软的沙子上，其中几块星星形状的鹅卵石衬得溪底分外干净，我轻轻地弯下腰，低头凑近边上，悄悄扒开石头，成群的小鱼便暴露在清澈见底的溪水之中，或嬉戏，或细语，好不惬意，只要伸手便能抓上几条，和着水放入早已准备好的玻璃瓶中。泉水清澈，拾些许细沙沉入瓶底，玻璃的光芒在阳光下变得更加耀眼。我们的脸上也荡开了笑容，迈步踏着晚霞，美滋滋地跑回家，却又在母亲的盛怒之中将鱼儿从门前的小流中放回，趁母亲不注意偷偷藏好瓶子，与哥哥们打闹着跑回家，等待着新一天的下水……

故乡的冬天没有北国的"千里冰封，万里雪飘"和那诗词之中的北风呼啸，亦不若东莞的暖，但它依旧美丽。冬天的白昼总是短，太阳也起得晚些，天蒙蒙亮的时候，小泉边上就已挤满了来洗衣服的人，山下泉水边，捣衣声此起彼伏，竹林里几声寂寥的鸟叫声回荡，也不知是谁渴得紧了，跑到上游去捧一口水喝，激起层层水纹。远看，那水美得像幅画，却不因时光的流逝而褪色。

故乡的水，美得纯粹，虽不及江南的烟雨朦胧，却依旧令我陶醉，在经济发展迅速的东莞却并非如此。

春秋五余载，自我生活在这座城市以来，对故乡水的思念愈切。转眼已是夏暑暴雨季，暴雨过后，人们随手扔下的垃圾堵住了下水口，街道上满是污水，坑洼之处不若雨后的乡间小道来得清新，车轮碾过，溅了行人一身狼狈。溪流之中，满是人们扔下的生活垃圾，溪底全然不知是何景象，或许拿来写书法也丝毫不逊色于墨水的效果吧？每当清晨醒来洗漱，口杯里盛满的全是明矾处理过后的水，乳白色的漂浮物令人浑身不自在；洗菜时拧开水龙头，氯的味刺激着鼻腔；渴了之后喝水还得忍着把水过滤之后再煮开，不情愿地喝下满腔的怪味……东莞的清水早已消失得无迹可寻。在这儿，没有人敢赤脚在小溪里抓鱼，没有人敢到小溪边去洗衣服，没有人敢在渴了的时候随手捧一口水喝……这儿的工业污染和生活污染严重威胁着人们的健康。

无独有偶，黄河、长江、松花江等七大水系地区因工业的快速发展，再无法找出清澈透亮的水了。曾经美丽的渤海湾更是浊流迸溅，海面上漂浮着油污。边幅辽阔的东方古国如今俨然已是一个水资源严重缺乏的国家。

纵观世界各地，水污染的问题亦困扰着众人，其中不乏有治水成功之人。

自第一次工业革命以来，英国便得到了快速发展的机遇，如今在世界上已是举足轻重，饱受世人的青睐。殊不知，它的母亲河泰晤士河也曾因它的发展而一度陷入危难。工业革命的兴起使得清澈的河水被污浊所取代，"爱丽丝公子号"的沉没造成数百人的丧生，而罪魁祸首却是水污染严重而导致的中毒！上世纪五十年代末，河水中的氧含量几乎为零。直到二十世纪六十年代初，英国政府决定全面治理泰晤士河，立法对直接向泰晤士河排放工业污水和生活污水做了严格的规定，有关当局还重建和延长伦敦下水道，建设了400多座污水处理厂……至今，泰晤士河已有115种鱼和350种无脊椎动物重新回归。

圆舞曲之王小约翰·施特劳斯的一曲《蓝色多瑙河》醉了多少人早已数不胜数，多瑙河的美一如这首曲子的盛名。然而，时光倒流至上个世纪七十年代，多瑙河却因工业污水和生活污染成了一条国际性的黑河、臭河，既没有生物的存在，也无法被称之为一条景观河，多瑙河的蔚蓝只能在人们的脑海中续写它的魅力……1986年，多瑙河沿岸各国在罗马尼亚首都布加勒斯特举行了发展多瑙河水利和保护水质的国际会议，协调行动通过共同声明，沿岸各国加强合作，为更加合理地利用多瑙河水资源而做出努力。尔后在1992年、1995年先后成立"多瑙河特别工作组"，签署保护多瑙河水协议，通过整治多瑙河计划，要求各国减少向多瑙河排放污水量，改善干支流的水质（包括最严重的黑海），实施沿岸地区的区域合作，建立污染监测系统……如今的多瑙河又恢复曾经的清澈，大量的水鸟在河中戏水，还依稀可见河底中的水草与卵石，多瑙河宛若一处无意入世的人间仙境。

水珠"滴答"声响起，故乡水在阳光下变得更加美丽，水波荡漾。让我们一起行动起来，保护水资源，减少水污染，让东莞水如泰晤士河与多瑙河一般，重回昔日清澈，愿记忆中的故乡水也能流淌在东莞，一直，向着远方，流淌……

小水滴写给人们的信

林　丹

亲爱的人类：

你们好！

我是大海里的一滴小水滴，我叫点点。我们水是个大家族，我有很多很多的兄弟姐妹。原来，大海还干干净净，我们大家健健康康、幸幸福福地生活在一起。

不过，最近，我们的妈妈病了，她碧蓝碧蓝的皮肤变得乌黑，还散发着一股臭味，尤其是煤气味，把我的不少兄弟姐妹呛着了。而且，这种可怕的病，开始在我们之间传染起来！鱼儿家族与我们相依为伴，我们一病，他们也跟着病了，整个海洋乌烟瘴气。太阳公公诊断了一下，说是你们人类向我们乱扔垃圾所造成的，还不断向我们排放我们的天敌——污水！污水是我们的恶魔，他们阴笑着，像我大举进攻！大家都受不了了，纷纷逃亡。

求求你们，不要在向我们乱扔垃圾了！有一次，一条不懂事的小鱼儿，对海面上浮着的乌黑的垃圾好奇，上去这碰碰、那动动，不小心喝到了一口，立刻就肚皮翻白，口吐白沫，死了……他是我最好的朋友豆豆。现在，整个海洋世界都热闹起来了，嚷嚷着要搬家，这是我们祖先遗留下来的宝地，我们可不能抛弃他就走呀！而且，生病的妈妈和兄弟姐妹都还在这里呢，人类啊，我们也是有生命的，我们也是可怜的啊，不要再让我们水家族遭到污染了，待整个地球的水污染后，最先绝种的，还是你们！

　　祝：
身体健康！
快快乐乐！

〔镇田小学五（6）班〕

一滴水，一个地球

王睿鹏

"滴答，滴答"，清脆而又悦耳的声音在我耳边响起——那是久违的雨滴声。望着路上匆忙走过的行人，撑着雨伞，低着头，仿佛周围的环境与其毫不相干，只顾自走自的，或又边走边看手机。我坐在窗边，静静地看着这细柔的雨丝在眼前滴落，细雨蒙蒙，微风夹杂着细雨扑窗而来，拂过我的脸，那是怎样一种享受，怎样的一种惬意，坚硬之中透着一丝温柔，微痛之间夹杂着丝丝舒坦。

水自古以来是"万物之源"，许多古老的发明都是发源于水源充足之地，我们的祖先亦是如此。

化身一滴水，我感到一股冷流，眼前是白茫茫、软绵绵的云，随着震耳欲聋的雷声，白云伸着稠密的身姿遮掩了天空——我诞生了。

我落到了人间，看到翠绿的青草、芬芳馥郁的鲜花、高大挺拔的柏树，还有清澈透底的山泉……鱼儿嬉戏，鸟儿歌唱。我随波逐流，在溪流中向那山下的村庄前进。

到了那里，我望见了戏水的孩童，他们在溪中溅起水花。接着，一座座房屋越过身后，一缕缕炊烟飘向天边，夕阳落入了远山的怀抱中，残晖披洒大地，一切都金灿耀眼。我在旅途中合闭双眼，似睡似醒，这一切多么舒坦。

我继续向前走，"嘭"的一声，我被一根又黑又粗的管子给吸走了，在那又黑又粗的管子里等了很久，粗的管道分出细的，细的又分出更细的，终于，我从水管里被冲了出来，来到了一个足球场大的深水井，而后经过了一个铁栅网，我旁边的石头和沙粒都不见了；紧接着我所在的水池被人类投入了一种据说叫什么"混凝剂"的化学剂，我旁边出现了许多白颗粒。这时我发现我变得更干净了，突然，我又被吸进了一个洞里，跟我的兄弟姐妹来到了一户人家。一杯水，用于刷牙，冷了倒掉，热了也倒掉，只用那不温不热的水，我就这样看着我的兄弟姐妹被浪费掉，十分生气；女主人打了两大盆水只为了洗脸，又去拿什么洗面奶，而水龙头一直哗哗地流着，我顺着水管被排到了小溪里。

看着四周，还是我开始流过的小溪，但是我闻到了一股恶臭。前面为何乌烟瘴气？为何花落草枯？为何工厂耸立？这还是原来的村庄吗？还是以前的仙境吗？我愤懑，但无济于事。我和我的兄弟姐妹的晶莹的衣裳被染成了令人作呕的黑色。四周时而震耳欲聋，时而乌烟瘴气，时而鱼翻白肚，时而鸟坠污水。我们都被熏得失去了知觉，我隐约望见阳光穿透云雾，沐浴着我的身躯。

我的生命即将终结。我带着满心的欢喜来到人间，却含恨离去。我仿佛看见未来的地球面目全非，垃圾漫天飞舞，人类赖以生存的家园"灭亡"了……

"哗啦啦"，一阵倾盆大雨拍打着我的脸庞，我急忙将我的思绪扯回。水——万物之源，愿人类早日醒悟，善待它，珍惜它，呵护它！

〔南城阳光实验中学初二（8）班〕

百乐归溪

曾　爱

　　不经意看到书桌上的照片，那是一张泛黄的老照片。看到它，仿佛回到了从前。

　　爸爸的老家在江西南丰县军峰村。老家的旧房子前有一条清澈见底的小溪。水特别纯，溪中的一切都看得清清楚楚，底下细细的鹅卵石也尽收眼底。每天每天，小溪的溪水都汩汩地流着，哗哗地蹦着、跳着。每天清早就有很多妇女在溪中洗衣服，甚至洗菜。这条小溪是从一座高山，爸爸村子的骄傲——军峰山上流下来的。军峰山海拔有一千七百多米呢，这水一定很干净。

　　有时候我会坐在溪边想，这溪水里会不会有去年冬天融化的雪水？这溪水有没有可能被山上的野兔过路时喝过？有没有可能……想到这里，我捧起一摊溪水。啊，这水是如此珍贵，这水可能是多少人的救命之泉啊。家门前就有一条如此的小溪，真好。

　　这也是好几年前的事了。每当春草燃绿山脊，刚有了一丝热意时，我和几个小伙伴都会去溪中捉些小鱼小虾。"嘶"，倒吸一口凉气，毕竟没有入夏，溪水还是有几丝凉意。我搓搓手，看着别人都下了水，我也不能落后啊！咬咬牙、拍拍大腿，拼了！踏入小溪中，溪水到我的腰下一点。我第一次下水，有些艰难地在水中行走。看着那些本就生活在乡下野惯了的孩子在水中如鱼般灵活，我有些气恼。只好双手一边挥着水花，一边大步走向小鱼。可能是脚步声太大了？也或许是水在泛起波纹？小鱼们似乎背后也长了双眼睛，一见我来了，就飞快地不见了。几次连鱼都没碰到一下，我恼了："为什么就我抓不到猎物？"

我大步走向堂姐，堂姐原来快到手的"猎物"被我吓得四处分散地游走了。堂姐不满地看了我一眼，我吐了吐舌头。用小手扬起一片水花，水花打到堂姐身上，她不闻不管，连头都没抬，我"哼"了一声，双手捧起水，洒向堂姐！堂姐大吼一声，也向我走来。用力地跺了一下脚，水花四溅！我用手胡乱地抹掉脸上的水，又开始了新一轮攻击。不料却"误伤"了堂弟，堂弟扔下渔网，尖叫着双手在水中一挥。我们三人衣服都湿透了！水花在空中泛出银光，像我们脸上的笑容，像阳光般灿烂。照片就定格在这个瞬间，定格在了露出白牙的笑容上。

长大后，我们去登那座军峰山。爬到半山腰，我面前有一条小溪。捧起那清凉的水，痛快地洗了一把脸。水中倒映出绿树飘动的身影，也倒映出五颜六色的不知名的野花。粉的、黄的、紫的，风轻轻拂过水面，花儿便像眼睛一样，一眨一眨的。好不活泼可爱！我感叹道：

"这水真清啊，像从前家门口那条小溪一样。"

"傻孩子，这就是那条家门口的小溪啊！"

"嗯？"

我震惊地抬头，又看看那水。清得可以反射出阳光，倒映出蓝天，可以看到水下细细的小石子。再想想门前的溪水，因为天天被人们投掷垃圾已经从清澈变得混浊不堪。小鱼小虾早已不见踪影，有的只是一片一片漂浮在水面上的垃圾。人们却还是一如既往地往溪中吐痰、丢垃圾……真想警告他们一句："井干方知水珍贵"啊！

我驻足凝望着这流动的水，仿佛还可以看到几年前我们在溪中玩耍的身影，仿佛还可以听到以前的欢笑和嬉戏声……

（东莞中学松山湖学校初一十二班，指导教师：郑书慧）

被教育用水的日子

刘翠雯

现在，低碳省水已经是一种时尚，我家也不免俗，也开始省水这个行动。而我这个浪费小达人，一下子就受到了爸妈的合攻。我爸妈一商量，决定亲自上阵，给我来一场省水培训，好好地让我学学如何省水，爱护水资源。我看着他们"奸笑"远去的背影，只觉前途一片黑暗。

第二天早晨，我睡眼惺忪地起床刷牙，就看见爸爸举着个手机站在洗手间门口，对着我说："四分钟，给我洗完。"我吓得一下子惊醒过来："什么！"我大喊一声，一下子冲进洗手间连忙拿起牙刷，恨不得自己多长几只手，我平时可是用六分钟的！

待我洗好脸刷好牙出来，我爸看看手机："嗯，没超时，不错不错。"我正准备溜走时，爸爸忽然说："咦？什么声音？"我突然想到：难道是我太急了忘记关水龙头了？刚想到，爸爸就已经把洗手间门打开，果然，水龙头的水还在流着，发出"哗哗"的声音。

爸爸让我关掉水龙头。悠悠地拿出一本小本子，拿起笔，写上一个1。我问："这本子干什么的啊？"爸爸解释道："这本子对你可重要了，你这上面有多少个1，那么你就得不吃零食多少个星期。"我大惊失色："什么？好狠！"

爸爸奸诈地笑："不狠怎么行。"

吃完午饭后，是我洗碗。妈妈看见我洗得十分浪费水——水龙头一直开着，亲自来教我如何洗碗省水，只见她给两个水槽都装了水，一个水槽的水比另一个多一点，把抹布沾湿，挤一点洗洁精挤出泡泡，把碗放到水多的水槽洗，碗上有泡沫的先把泡沫过掉再放到另一个水槽，再用干净的布洗一遍。

看着妈妈洗碗的步骤我才知道如何洗，妈妈也帮我把碗洗了。过了一会，妈妈想起来我刚刚水龙头一直开着的事，便拿出一个小本子，记上一个1。

晚饭之后，是我大显身手的时候了，我在水槽之前，小心翼翼按照妈妈的方法去做，但是，还是在最后栽了跟头。我一个不小心，按照自己的习惯打开了水龙头任水流，把餐具放在水流下冲，冲好一个就把一个放回原来的位置，就这样我一下子浪费不少水。全程在旁边看着的爸妈，无奈地摇了摇头，重重地在本子上记了一笔。

到了晚上，我拿好衣服正准备洗澡，在门口又看见了爸爸，我一下子想起了今天早上的悲惨经历，果不其然，爸爸又开始规定时间了："十五分钟洗完。"我又一次被这时间吓到了，我平常一定要用半个小时的。不过我立刻反应了过来，冲进洗手间，以史上最快的速度脱衣、洗澡。这时，爸爸的声音响起："雯雯，还剩三分钟了，快点啊。"我听了这话连忙加快速度，但是，待我出来之后，爸爸的声音响起："慢了四分钟。"然后，小本子上又多出了一个1。

当天，爸爸就叫我总结自己的经验，好好想想如何才能不浪费水。最后，我总结出了三项：

1. 水龙头经常忘关。

2. 洗碗时，应该谨慎按照妈妈洗碗时的步骤。

3. 对自己洗澡时间的掌握不够好。

就这样，几天过去了，爸爸妈妈决定来看一下培训的成果如何。只要一天不被他们抓到我在浪费水，就通过了，只要通过，我就可以把自己培训时所有的1都取消。这使我动力满满。

一大早，我就神采奕奕地起床了，立即冲进洗手间，出来时，爸爸满意地说："没超时，水龙头也关了，干得不错!"我得意地笑了笑。

午饭和晚饭的碗是我洗的，妈妈来看我如何洗，有没有浪费水，我熟练也小心翼翼地洗着碗，紧紧地记着妈妈的洗碗步骤，不浪费一滴水。到了晚上，我洗澡的动作飞快，千万不可以在洗澡时"挂"了，不然可就功亏一篑了。

最终，我通过了爸妈的考试，从"浪费达人"成为"省水小能手"，这变化大的，我自己都敢不相信。没将爸妈的培训像背书那样，一下子就忘了。这个培训还是很有用的，最近我家的水电费都少了不少。我们对"爱护水资源"等口号天天喊，简直对它滚瓜烂熟，倒背如流，但是，又有多少人响应了这句话呢?又有多少人落实了呢?爱护水资源其实很简单，只要你留心身边，何处有浪费，就在何处制止。

〔东莞市道滘中学初一（8）班，指导老师：李小慧〕

195

东莞的水

李　易

　　水，对人的重要性不言而喻，但在东莞这沿海三角洲地区水却没有引起足够的重视，以至于污染严重。虽近年来东莞水资源保护措施愈加完善，但水污染问题依旧不可忽视。

　　撇开历史因素，东莞水的污染与经济结构联系甚密。

　　对水资源质量依赖程度最高的产业是第一产业——农业。在古代小农经济几乎占据整个中国经济体系的时候，环境问题不仅不突出，社会上甚至几乎没有盛行人与自然和谐共处的观点，其原因便是农业对水资源的高度依赖。如果每一个农业从事者出于自身的利益都自觉保护，水资源问题自然就不会上升至社会共论的程度。而在东莞却不同。由于东莞发展起步早，东莞的农业产值占生产总值的比值还不到0.3%，对于水的需求自然就显得不重要了，这便为东莞水资源利用解开了一道重要的屏障。

　　工业化进程伴随的水污染是必然的。正如英国工业革命后的泰晤士河黑水充斥，臭气熏天，昔日河上的豪华观光游船都几乎消失一样，东莞工业化的速度也为水资源造成如是后果。伴随着世界工厂的形成与当时政策执行者对水资源的监管不当，水资源不断恶化，各工厂开始肆无忌惮、不计后果地排放污水，违法违规利用水资源，给水污染雪上加霜。不断的恶性循环让人们不得不正视水的保护这一话题。

工业化发展到一定进程，第三产业便会兴起。东莞在二十一世纪领先全国各地进行经济转型，第三产业服务业也领跑超越工业产值，占经济50%以上。服务业对于水质量要求虽然不如农业，但也明显高于工业，对水的污染也远不如工业。服务业的兴起象征着环境的好转，东莞的政策也日益偏向保护环境，松山湖生态园的设立便是最好的证明。不仅是服务业，工业也趋向于对水量要求少而精、排放量较少的高技术性工业，河道便又清澈了。

综上所述，经济对水资源影响是不可小觑的。因此，保护水资源的当务之急是继续紧扣经济转型，把生产方式不断引向少污染的方向，从经济利益方面促进人们对水的保护。有了经济这个牵引力，自然要有其他"副将"进行辅助。思想上的教育是必不可少的，但由于此种方式较为主观，受个人的观念影响大，因此一个"副将"还不够。这时要来点"强硬"的，用强制力迫使人们保护水资源。这样的"双管齐下"，水资源问题解决的可能性便大大增加了。

（东莞中学高一）

较　量

朱乾维

　　在水的使用这一方面的做法，我与奶奶截然不同，我是浪费水，奶奶是节省水。

　　奶奶生活的那个时代物质匮乏，因此，奶奶养成了省水的习惯，但如今我生活的这个年代，可以说是富有舒适的日子，因此，我却养成了浪费水的习惯。

　　跟奶奶生活的日子里，可以说是一场你来我往的竞争比赛，我一个劲地浪费水，奶奶一个劲地节省水。说实话，我对奶奶常常二次利用水的行为是厌倦不堪，用完一次的水又用一次，真脏。每天，我洗澡用的是倒在一个大水盆里的水，以前都是这样，然而每次奶奶给我倒的洗澡水是少之又少，水的高度才是大水盆高度的2/5，我坐在大水盆里，水才过了我的腰间，这使我洗澡很不方便。于是，每当奶奶倒完水去看电视时，我都会偷偷拿起水壶，把大水盆里的水倒到4/5才肯罢休，然后洗完澡，再偷偷地将水放到原来的2/5，完美的计划。

　　可是有一天，这个背着奶奶干坏事的计划被奶奶无意中发现了。那天，我像往常一样实施计划，然后舒服地洗澡，忽然间，一阵急促的脚步声向我这边传来，声音越来越大，正当我要探出头时，奶奶站在了门口。"怎么回事，水怎么那么多？"奶奶疑惑道。我大惊失色，吞吞吐吐地解释道："我坐下来使水增高了。"

"起来我看看。"奶奶迅速发出命令，无奈之下，我只好乖乖站了起来，奶奶将头绕过我往后一看，大吃一惊，好一会儿才回过神来对我说，"孙子，你怎么不听奶奶的话？老是要浪费水呢？"我听了后，心里忽然有点生气，好像叛逆似的，反驳道："我多放点水而已，水又不缺，多放点不会怎么样啊！"奶奶听了，表情有点难过，没有说话，只是拿衣服给我，自己又去看电视了。我穿好衣服，心里有点小得意，以为自己赢了，于是，我更加猖狂，不断浪费水，将浪费水当作一种乐趣来玩。

往后的日子，我以为没事了，便洗澡时依旧多放水，奶奶虽有几次说我，但我毫不在意，可是有一天，忽然停水了。

那天早上明明还有水的，怎么下午就没了呢？我焦躁地想着，可是越想越烦，便不再去想。此时的我刚出去玩回来了，满头大汗，全身因为玩了泥巴弄得脏兮兮的，皮肤上沾着泥土和沙子。我浑身难受，没心情看电视，没心情吃饭，没心情睡觉，似乎不把身上的污渍清洗干净，就浑身不自在，整个人都不好了。我蹲在地板上，沙发不敢坐，怕弄脏。我左手擦汗，右手拿着扇子扇风，可汗不停地流着，流到脸上、手上，最终要么落在身上，要么落在地板上，我的简直要炸了，这炎热的天气让我叫苦连天。这才开始后悔之前自己多么浪费水，对水没有好好珍惜，回想起自己当初的行为，忽然觉得好蠢、好可耻。我真是身在福中不知福啊，没有了水，我的生活似乎没有了条理，似乎什么都做不了了，我不停地忏悔。忽然间，奶奶叫我过来，我一过去，只见面前有两桶满满的水，奶奶说，这是她备用的水，现在停水，给我洗澡用。我面对着奶奶，更加惭愧，更加抬不起头。

奶奶省水的生活智慧，忽然间令我敬佩，我与奶奶在水方面的较量到此结束，我甘拜下风，开始对水改变态度，学习奶奶的一些较为合理的做法。我也认识到，水确实是很容易浪费但又不能轻易浪费的资源。

〔东莞市道滘中学初一（8）班，指导老师：李小慧〕

井与水中的宛转流年

丁佩雯

乡下的山间泉水，往往流得没有性格，不知道从哪里流下来，也不知道它流向哪里，但每一条溪流都有自己的一曲宛转流年。

譬如父亲老家的山涧。

父亲的家，背倚群山，山上一条不知名的溪流已经为这个小镇流淌了几十年了，时缓时急，却从未干涸。

每每同父亲下乡，到了街心处，总能一眼望见一口水井，石质的底座一点一点被风给刮去了，木梁上挂着粗糙的麻绳，也随时间一丝丝的线冒出来了，十分扎手。

可这井的井盖盖得严实，许久了，才发觉家家户户都拥有了水井，怎么还会依靠它呢？

父亲却说，村里的每个人怎么会遗弃它？不会的，在最早最艰难的时刻，是这唯一的水井凝聚汇集了山上的细流，养育了山脚下几百口人。

在老一辈或者更年长的人看来，这水"金贵"得很，因为金贵才万分珍惜，老人们的言语很朴实，确实那是最真实的写照。

尾随父亲回家，推开半掩总发出吱呀声的门，斜对着的也是一口水井，却小得多了。父亲若是闲着，便拉我坐下。自己倚在井旁边，有些自得，有些怅惘地讲起自己年少时的伟大经历。而一直萦绕在我耳边的父亲的那些经历，却落在这口井上。

父亲是家中的次子，他还有一个年长的哥哥，一个稍年幼的弟弟。一家人的生活充实而平淡。

"那时候……"父亲的讲述一成不变地用着"那时候"的开头，死板，可这的确是那辈人的语言标志。

那时村里只有一口大井，于是整个镇的人大多数都忙碌在打水与用水之间。每日都可以看见人群排成长龙，提着各式锅碗瓢盆，静心地等待，没有喧闹，没有急躁，来来往往之间，一镇子的人便成就了一份情感。

而打来的水，可以说，每户人家用得很谨慎，小心翼翼地呵护着似生命的井水。大多都是先做饭，剩的水洗衣，喂家禽。饮用水也是清甜的泉水，一饮而尽。

这个村子守护着一井的水，而一井的水也同样以温柔的方式守护着这个僻远的小村子。

而父亲则是几百个老老少少中一个自己动手掘井的少年，家里人觉得荒唐却没有在意，任由父亲的信念滋长。

父亲与兄弟三人，找到铲子铁锹，"当当""丁丁"的嘈杂声便此起彼伏了好几个月，掘了很深却不见水的影子，渐渐地，便只剩下父亲的铲子还在响。父亲再铲下去，清凉的水，竟从浑厚的泥土中渗出来，接着便涌上来了，浸过父亲的腿，抑制不住的欢喜让父亲至今仍似孩童一样高呼"有水了——"。这水，满足了一个农家少年朴实的梦想。

陆续地，些许人家也掘起一口口水井，可每户人家都把水井掘得小而浅，只要有源头有活水渗出来，便不再大肆掘井了。于是，每户人家都拥有了自己的水井，却依旧节俭地用着，平时洗衣做饭、喂鸡喂鸭的水用得有分寸，有度量。

这样朴实而纯良的举止，在镇上早是习以为常的事情，因为水之金贵，所以爱惜且珍惜。父母一代人总讽刺般地笑我们这代年轻人，生活太安逸，太闲适了，真应该扔到山里去生活，我们从不当真，可城里人正是任仅有的水不止地流，掘井一定要掘到底，让地下水汹涌而上才罢休，人本身，贪得无厌，却从不珍惜。

父亲的语声落下，我又舀一瓢水一饮而尽，水中的草木芳香和泥土浑厚的气息涌上舌尖，清凉通透之感浑然天成。忽发觉：这么一条涓细的河流，从未断过吗？何况人也多了，井也多了，大大小小，星罗棋布。

"不会的，怎么会呢？"父亲一如既往的温和使我放心，这水流转几十年了，没有性格，却一直守护着这个村子，滞留着宁静和美好。而村里人，用节俭而勤劳的生活方式与这溪流以一种密不可分的关系，长久栖息在群山之间。

乡下的水井，在各户的庭院里停留着，倾注了一井清澈的水，水波时而扬起流转着。这些大大小小的水井，替那些水、那条溪，唱一曲宛转流年。

（东华初级中学 203 班）

邀　请

林嘉欣

　　茂盛的树林里，流淌着一条清澈见底的小溪。那里，就是小水滴的家。他每天无忧无虑地生活着，在森林里来回穿梭，和花草们尽情玩耍。

　　一天，太阳邮递员把小水滴叫到了身边，笑呵呵地说："小水滴，你有封信。"小水滴接过一看，呀，原来是几年前的朋友金鱼给他寄来的邀请函："小水滴，你还好吗，我是大海里的金鱼。我们这里有蔚蓝的大海、湛蓝的天空以及许许多多的海洋朋友，那金黄的沙滩被白色的海浪来回拍打着，白色的海鸥在海面上盘旋，人类和海洋生物和睦共处……你有空过来玩玩吧！"

　　看完信后，小水滴异常兴奋。他赶紧回家收拾了包裹，拿起了地图，准备去找金鱼。他一路狂奔，恨不得马上扑进美丽海洋的怀抱。

　　突然间，他路过了一个在河流下游的村庄。天啊，他不由得目瞪口呆。河面上漂浮着白色垃圾，混浊的河水把小水滴透明的身体也染黑了。但是，小水滴坚信：大海肯定是一个干净而又美丽的地方。偶然间，他抬头望见了一个面容憔悴、头大身小的老奶奶咬了咬干裂的嘴唇，强忍着内心的疼痛，在河里舀了舀水，伤感地摇了摇头，一瘸一拐地转身离去了。霎时间，小水滴听见了几个人在小声议论："这水怎么可以喝呀？还这么脏。""没办法了，村里人以前都是在这条河里打水的，近几个月来，这水不知怎的变混浊了。村里水龙头的水也被高官给停了，他们高价卖水，村里人都付不起了，不得不喝这些水。"

"是啊，话说这几天因为这水的问题都死了很多人了。"……

小水滴百思不得其解，决定去上游一探究竟。于是，他吃力地游啊游，终于绕过了泥沙的阻挡，漂到了上游。这是一条巨龙一般的长河，河面昏黄，上面浮着一个个白色的小泡泡，还不时传来一阵异味。他翻开了地图，万万想不到的是，这竟然是人类的母亲河——长江。他看见有人在水里倒了些污水，他不禁有些胆战心惊。那些人长长地舒了一口气，脸上划过一丝微笑。一些人在窃窃私语："总算把废弃的重金属水给倒了，放在这村里可碍事了。""可别人会不会喝了这些水呀？""肯定不会的，我们干这行的都几个月了，到现在还没有人投诉呢，瞎操心。""说得也是。"众人应和道。

小水滴顿时感到一阵恶心，恐怖的奸笑声一直在他耳边回荡。可怜的小水滴，他历经千辛万苦终于循着地图游到了大海。可是，这里哪有蔚蓝的海水、金黄的沙滩呀，海面上漂浮着恶心的垃圾，天空黑沉沉的，还时不时传来一声闷雷。银蛇般的闪电在海面上反射着惊悚的光，沙滩上、海浪上到处都有小鱼小虾的尸体，荒无人烟，更别说自由盘旋的海鸥了。

刹那间，小水滴想起了朋友金鱼。他发疯似的寻找着，急得像热锅上的蚂蚁团团转。最后，终于在沙滩上找到了金鱼的残骸，他放声大哭。看着死去的小金鱼，小水滴悲痛欲绝。于是，他向空中飘啊飘，逐渐化成了一片乌云。他向自己的家乡飘去，决定守在家乡的上空，不让这块圣洁的土地毁灭在人类的手中。

翌日，太阳邮递员想送一封被他昨日漏掉的信给小水滴。但是，森林里的朋友都说小水滴去海洋里了，至今还未回来。太阳公公急了，信上的金鱼寄出邀请函不久后又给小水滴寄了这封信，信是这样写的："小水滴，你别来海洋了，人类开始无休止地破坏海洋，你要保护好自己的家园啊……"

〔东莞市厚街湖景中学初二（11）班〕

让我们成为滋养生命的一滴水

钟紫媛

　　假如地球上没有水，地球将会变成一望无际的沙漠；假如地球上没有水，世界万物将会灭绝；假如世界上没有水，地球将会变成一颗暗淡无光的星球。

——题记

　　水孕育了世界的生灵，它是一切生命的基础，是生命之源。它推动了生命的长河，它让生命生生不息。因此，水是我们最宝贵的资源。

　　我们知道地球上有丰富的水，但海洋水量占地球总水量的97.2%，海水不能直接被人饮用或用于灌溉。只有地下水、湖泊、河流与小溪中的淡水可以被人、动物、植物利用，这就是说，地球可以供给陆地上生命的水量不到它的总水量的1%，可见淡水资源是非常有限、非常珍贵的。

　　我国是一个干旱缺水严重的国家。由于可利用的淡水资源有限，加上水资源浪费、污染以及气候变暖、降水减少等原因，加重了水资源短缺的危机。

　　可是在我们日常生活中，却有许多浪费水资源、污染水资源的现象，看着就让人心痛。水资源被污染更加减少可供动植物和人类使用的淡水量，因而会直接影响到地球上生命的生存。

记得奶奶家所在的县城有一条河叫松源河，据说这条河的流水分支后是流向闽江的。那里曾是我儿时玩乐的天堂，流水潺潺，绿幽幽的水面清澈见底，水底的鱼儿害羞地在绿绿的水草中东躲西藏，春江水暖鸭先知，端午节还没到，就有很多爱水的大人小孩在那里尽情地嬉闹游泳了。可是去年暑假再次去到外婆家，发现一切都变了，那条河不再是夏天嬉戏的天堂了。外婆告诉我，自从前两年县里进行了城市规划，松源河边的路变成了江滨景观路，河滩变成了水上公园以后，松源河——这条当地人的母亲河虽然热闹了，却一天一天被污染了。不管是城里人还是乡下人，男女老少一有空就往这里跑，晨练的、晚练的、游玩的，露天卡拉OK、露天茶座、露天烧烤……应有尽有。东西脏了到河里洗一洗，白色垃圾、果皮纸屑满天飞，更有商家为了图方便，还把吃剩的、喝剩的全往河里倒。就这样慢慢地，绿绿的水草开始变黄，鱼虾一天比一天减少，特别是闷热的天气，远远地就能闻到一股臭味，走近了，甚至会被熏倒。听完外婆的诉说，我不禁觉得痛心，却也无可奈何。松原河，曾经是我们儿时的乐园，闲暇时的好去处，就因为我们贪图一时的方便，随地乱扔垃圾，因为我们没有足够的"保护环境，绿化生态"的意识，任意地污染，如今面目全非，伤痕累累。

如今，我跟着父母生活在经济发达的东莞，人们常说经济的发展是建立在对环境破坏的基础上的，我觉得这话说得不错，东莞境内有一江两大河，即东江和石马河、寒溪水。但东莞的水资源65%受人为性污染，除水库水源和石马河水源尚未受污染外，寒溪水源已污染严重，不符合饮用水源标准，也达不到游泳条件。前些年，甚至出现网友因为无法忍受寒溪河的重污染，在微博上叫板东莞市环保局，悬赏10万元请环保局长到寒溪河游泳十分钟的新闻。可见寒溪河受污染的程度。

虽然我自小生活在南方，并没有真正体验过缺水的滋味，但我有听妈妈讲过她小时候的经历。妈妈小时候生活在一个美丽富饶、水源丰富的村庄，以至于很多村民不珍惜水,他们丝毫没有考虑过离开了水的生活。有一年,水井里不再是源源不断的清水,出水量大幅度减少。村主任说是由于工程施工导致地下水流失,水井已经不出水了。刚开始,大家不以为然,因为很多人家中都囤了水,他们相信水井很快就会出水。一天过去了,村民没觉得缺水;两天过去了,村民开始浑身不自在了;三天还没过完,村民就到处找水源了,只可惜,所有的井都不出水,最后只能到邻村去挑水。妈妈说那阵子她没少挑水,那真是累得够呛啊,好不容易挑回两桶水,当然只能省着用了,妈妈说她节约用水的意识是从那次全村缺水给逼出来的。于是,文明用水、节约用水在每个村民心中扎下了根。

小时候总看见妈妈每次把洗脸、洗衣服、洗菜、洗米的水都倒进一个大水桶里,用来涮拖把或冲厕所,那时不明白妈妈这样做的原因,听了妈妈讲她小时候的经历,我终于明白其中的奥秘。

但明白这奥秘的人又有多少呢?在现实生活中,不乏肆无忌惮浪费水的例子。洗手时,为图一时方便而在抹肥皂时不关上水龙头;刷牙洗脸时让水哗哗流个不停;有的公用水龙头坏了,长时间无人过问,任清水长流。出现这种情况的原因就是很多人认为"公家"的水不用自己花钱买,浪费不浪费与自己无关。

这在大家看来,又是多么"平常"啊。让我为大家算一笔账吧:一个水龙头每秒钟漏一滴水,一年便是360吨,一个可怕的数字啊!怎能不令人触目惊心呢?

当今世界正面临着全球性的水危机。据统计,目前全世界已经有80多个国家和地区因缺水威胁到人民的健康和经济发展,我国已经被联合国列为十三个最缺水的国家之一,我国人均水量仅占世界平均水量的1/4。在这种情况下,谁有理由不珍惜水、节约水呢?如果再不节约用水,那么世界上最后一滴水将是人的眼泪!我们的子孙后代必将遭受大自然的严厉惩罚!

保护水资源,从你我做起;节约用水,从身边的小事做起。让我们用心珍爱生命之水，以节水为荣，随手关紧水龙头，千万不让水空流。只要我们树立节水意识，时刻坚持一水多用，提高对于水的重复使用率，节约每一滴水，减少洗涤剂中的化学物质对水的污染。如果能长期坚持，养成良好的节水习惯，那么，每一个渺小的"我"，就会为节约用水，保护水资源，保护人类的共同家园，做出应有的贡献！

节水、护水并不是单纯的一句口号，应更体现在行动上。为了我们共同的家园，我们每一个人都应该也必须有勇气站出来，对大自然做出庄严的承诺：用我们的双手，使地球母亲恢复青春容颜，用我们的行动，来感动大自然这个人类的上帝。但承诺自然并不仅仅是承诺，更应以行动来实现我们的承诺。

珍惜水、保护水就是珍爱生命。有了每个人对水的珍惜、保护，才可能有人类社会的生生不息；有了每个人对生命的珍爱，人类才可能有幸福美好的家园。愿每个人都成为滋养人类文明的一滴水。

（东莞市电子商贸学校金融1601班，指导老师：谭秀媚）

珍惜我们的生命之源

李铭轩

"一周无水，人则虚；一年无水，则国损；百年无水，将如何？"水关系到了人类的命运，人们说水占地球的 70%，怎么也喝不完。对，百年是喝不完，千年还多得是，万年剩一半，那么十万年呢？百万年呢？人类不只要喝水，还要洗手、洗澡、冲厕所……这样，你还觉得水是无限的吗？

天有不测风云，一场雨说来就来。一次课间，我悠闲地走向洗手间，远远地便传来了"哗啦啦"的流水声，我循声找去，大吃一惊，洗刷房水龙头的水像洪水般哗哗直流，和外面的雨声一唱一和，此刻听来，却是那样刺耳，我一边叹气一边关水。"清洁的阿姨怎么能这样浪费水呢！"

今年的六一儿童节，妹妹的幼儿园开展泼水节活动，我和妈妈、妹妹兴致勃勃地去参加。大家穿上五颜六色的泳衣，有的人带了长长的水枪，蓄势待发；有的人带了水勺、水桶，随时准备一场"大战"；还有的全家齐上阵，势在必得！操场周围放了很多装满水的有半人高的大水桶，为这场"大战"随时补给"弹药"。

游戏开始了，周围都是水枪扫射出来的水，大家沉浸在欢乐中、打闹中，全身湿透了，人们冲着彼此用水桶泼水，有的人还直接用水管喷洒，整个幼儿园都笼罩在一片欢笑声中，到处都成了海洋。快乐的时光总是转瞬即逝，人们在不舍中结束了这场"战斗"，大家纷纷去冲洗换衣服，本来干巴巴的操场像经历了一场暴雨的洗礼，到处都是水，蓝天白云倒影在水面上，多么美的画面，却又是多么刺眼的讽刺。我的脑海里浮现着一幕幕灾区缺水的画面，一丝丝内疚充斥着我，游戏是好，可这得浪费多少水啊！

曾看过一道测试题：什么东西越洗越脏？这真是难以想象啊，答案是水。水可以把其他东西洗干净，但自己却脏了，它将自己毫无保留地奉献给人类，可我们又是如何对待它的呢？生活中，浪费水和污染水的现象实在太多，因为水太容易得到了，太容易得到的东西，往往不懂得珍惜。我希望大家能像珍惜自己的泪水一样珍惜水，这样，我们的生命之源才能得以长流。

〔长安镇实验小学四（2）班〕

一场噩梦

李英豪

那一晚，我原本打算等爸爸看完新闻，然后调台看我最喜欢的动画片。没想到，一则新闻让我停下了手中的动作——水资源正遭受严重的破坏！

新闻上放出的那一条河简直不能称作河，而是一条臭水沟！我心想：好脏！仿佛隔着电视我也能感受到臭味！

睡觉时，我想着那一张图片，渐渐进入了梦境……

我一睁眼，发现自己坐在一块很高却很窄的岩石上。长江、黄河、太平洋……世界上所有的溪、河、海都围着我流淌。刚开始，水很蓝、很清。我看到这场面，既觉得这些无污染的水很诱人，又觉得不可思议。后来，对面的岸上出现了一大群人，多得让我只能用"人山人海"来形容。他们出现时手中抱着一大堆垃圾，我心中顿时有了一种不祥的预感。那些人拿起手中的垃圾不断地扔进水中。水从蓝变成灰，最后乌黑一片。他们非但没有停手，还扔了更加多的垃圾。我心急如焚，正想冲上去制止他们的时候，我发现自己浑身僵硬，只能眼睁睁地看着！而水声滔滔，仿佛在向我哭诉："求求你，救救我们吧！"

我一眨眼，发现自己突然来到一处沙漠中的绿洲。绿洲里面有几棵树，还有一个小小的湖，我看见那些人用杯子装一些水，旁边有一个盆子，他们就用盆子接着，再小心翼翼喝着水，掉在盆子里的水，他们就把它倒回水里。他们不管干什么，都很珍惜水，做任何事，只要有水剩下来，哪怕是一点点，也会存起来。

又一眨眼，我置身于宇宙中，抬眼看到了地球。地球从蓝、绿色变成了黄色！我向前一冲，到达地面，举目望去都是沙漠。不！有一处绿洲！我既惊喜又疑惑：为什么那里没有沙漠化？哦！我想起来了，那是一处人们节约用水的地方。

我往外走，天突然黑了，风刮了起来——沙尘暴来了！人们满脸渴望的表情，向我冲来，嘴里喊着："水……水，给我一点儿水吧！"我浑身冒冷汗，十分害怕，突然我听见了一个熟悉的声音："英豪！起床啦！"

我从梦中醒过来，左顾右盼，叹了一口气，还好只是一场梦！事情还没有那么糟糕！改变，还来得及。以前，珍惜水资源，对我来说，就是一个好老的口号。但是，自从做了这个梦，我心想：要是有一天，我真的没水喝了，我又应该去哪儿？又应该怎样活下去？趁这些还没发生，我要献出自己的一份力，为保护水资源做出贡献，所以我以后再也不浪费水了。

这一场噩梦的确很可怕，但它告诉我："留有足够的水源，并保持洁净，能为以后的生活提供一个好条件，我们要珍惜水源，浪费水就是一种不折不扣的自杀行为啊！

〔虎门镇大宁小学四（2）班，指导老师：曾夏黎〕

悠悠古井

赖妙爱

　　山脚下，精神抖擞地迎接清晨的第一缕阳光，依稀还泛着氤氲的水光，那是我，一口拥有最为活跃灵魂的井。

　　从我诞生的那一刻，就想一睹祖国山河，漫步高川。我的子民们终年在群山环绕、潺潺的小川穿流而过，偶尔为粉墙黛瓦间的家家户户增添了一丝生气，让似有似无的雾气笼罩着村庄好似世外桃源一般。

　　我的井檐是低矮的，几簇青苔依附在青砖上，夹杂着星星点点的几朵小花，散发出阵阵幽香。我的子民小水滴是清澈的，是冰凉的。稚童喜欢在我身旁"撒野"，听到他们的笑声，我的心里也乐开了花。

　　随着人们对生活水平要求的提高，在我身旁建起一座养猪场，村民们清除了周围为我蓄水的花草树木，在我旁边的土地上插入一排排钢筋，一包包水泥分子在空气中肆虐。然后，他们又在我身上插满了水管子，不断从我身上抽去一缕又一缕的甘霖。机器转动时需要我来和泥，打扫猪圈的粪便需要我来清洗，但我可以给人类以微薄的帮助，我由衷感到幸福。可是渐渐地，生活垃圾在我周围堆起了小山，臭气熏天，苍蝇在井壁上安家，四处飞行。半年后，这里发生了猪瘟，尸体埋在我不远处的小山坳，来不及处理的腐肉和气味吸引了一批又一批黑色的鸟儿……

我的子民也变得不再纯净，染上了刺目的颜色，身旁的小溪也不再有鱼儿欢快地游来游去，两旁不知名的野花，早已凋谢。我无力改变什么，插在我身上的管子日复一日不停地抽取我的血肉，直到有一天，我再也贡献不出一滴水。

井旁的老樟树做证，上百年来，我曾抚育过成千上万的百姓，来我这里挑水的人络绎不绝。上了岁数的老人挑着水桶来后，会坐在樟树下的石凳上，悠闲地吸上一袋旱烟，然后再用扁担或绳子从井里来吊水。他们用粗长的绳子将木桶拴住，打个结，借着头顶的蓝天白云，在悠悠晃晃的水漾中，两手紧握绳子，一寸一寸地将甘冽的井水打起。半大的小伙子挑着副担子，带上两桶甘霖，吹着口哨，踏上了回家的路。

可是，我现在的血泪快流光了，你们能救救我吗？

地球妈妈也在哭泣，她的血液——河水，因为乱排污水变得混浊不清。当你把空调温度调到让你觉得爽极了的温度，排气扇呼呼地吐着热气，被消耗的水滴，它在悲惨而柔弱地轻轻呻吟着。

地球上污染最严重的资源是水源，就拿我家乡的一条河来说吧，在我很小的时候，那还是一条清澈见底的河，河水可以游泳、洗菜、洗衣服，可是现在河水很脏，上面浮起一层又一层垃圾，远远就可以闻到那股异味。

其实，我们之所以热爱这片土地，是因为对这土地爱得深沉，我们的生活虽然奢华了，但水却脏了、少了。我们曾以纵横的江河而自豪，如今却不得不为这些逐渐肮脏和枯竭的江河而忧伤。人与水的关系曾经如此单纯而清澈，如今却不幸变得"剪不断，理还乱"，如果有一天，只剩下一滴水，那必然是你悔恨的泪水！

现在，请开始从生活中的一点一滴做起吧！保护水资源，节约用水，我们一定会拥有一个绿树成荫、鸟语花香、河水清清、鱼儿欢畅的美好生活环境！

（长安德爱小学）

水龙头关紧了吗

邵杰镭

优哉游哉地走在回家的路上。整齐葱绿的道旁树，鸟语花香的小镇上，晴空万里，一望空阔，深呼吸，啊——好清爽。

"回来啦！"我的心情较舒畅。一回来就跑去帮妈妈做饭。"妈，我来帮你洗菜。"妈妈一听，喜笑颜开，立马把厨房交给了我。

我打开水龙头，听见水哗啦哗啦地流，好像一首欢快的曲子，听着听着我也不禁哼起小调。水也好凉快，洗得我都不舍得离开厨房，心中有种劳动真快乐的感觉。

"女儿啊！有人打电话来找你。"听见妈妈的叫喊，我急忙地关掉水龙头，冲出厨房，好像又听到水滴声，扭头一看，是水龙头没关紧，顾不了那么多了，心想：滴那几滴水，不要紧的吧。于是就冲去接电话。

跟同学在电话里聊完天后，就坐在沙发上看着电视发呆，模模糊糊地听见非洲旱灾了，渐渐地，渐渐地，就进入了梦乡。

在那个梦里，我好像被带到了一个非常可怕的地方。那里的天空是灰黄色的，土地好像是龟裂的皮肤，有一条长长的小河流经的痕迹，不过应该已经干涸了吧。一丛丛枯萎的花木，一棵棵干死却仍然不倒下的壮树，还有那一栋一栋挤在一块的高楼大厦。这是什么地方,我家吗?

"这正是你家呀。"一个洪亮且回荡的声音响起。"是谁?这不是我家,我家有枝叶繁茂的大树,风景秀丽,河水清澈见底。怎么可能是这飞沙走石的景象?"

"那就要怪那愚妄无知、破坏环境的人类了。"那个声音又出来了。

"就是,还我美丽的家。"我哀求地喊道。

"这不也怪你吗?你自己也是那种不关紧水龙头、浪费水的人啊,以为水多是吧?你就在这里好好反省吧。"那个声音就这么消失了。

我一听,心里一震,被惊得坐了起来,什么都不管就立马冲去厨房。看到妈妈忙碌的身影,我看了看水龙头,已经被关掉了,心也安下了。

妈妈看着我,笑着说:"刚刚洗完菜也不知道关紧水龙头,下次注意啊。"

好像给温柔的妈妈感染,我也冲她一笑:"知道啦,没有下次了。"

"你知道别人有多需要水吗?你这么浪费水,等于谋财害命啊!"妈妈语重心长地说道。

我很疑惑,我们这天天下雨还有地球上那么多海洋,也不缺水啊,把我们的水分一点给别人不就好了吗?我怀着满满的好奇心上了百度搜索。

原来啊,地球1/3的水大多是咸水,不能直接饮用或使用。地球的水分布也不均匀,有的地方还是缺。而且,环境污染和水资源浪费也是造成缺水的一个原因。

渐渐地,我意识到缺水的可怕。人,也是水做的,如果没了水,就会像花那样枯死,地球就变成一个不毛之地,变成宇宙里的一粒尘土,等着一点一点被磨灭,被侵蚀,最后,就消失了。

那甘甜的水啊,并不是源源不断地从水龙头里流出来的。它就好比你身体里的血,流完就没了,人就会死,地球这个温暖的家也就塌了。

听过那样一句话,"勿以恶小而为之,勿以善小而不为"。不要让自己成为那个毁灭地球,杀害人类同胞的千古罪人吧。你可以把水龙头关紧一点,不往河里、水里、海里排污水，扔垃圾，就已经是在拯救地球了。

其实，不仅仅是水，世界上的资源都要去珍惜，因为当你失去它时，你就会懊悔当时为什么要如此地挥霍它，没有发现它的价值与重要性。

好好珍惜"生命之源"。我不想世界上最后一滴水，是我们的眼泪。让我们从关紧水龙头开始做起吧！

〔桥头中学初二（9）班〕

善待我的好"朋友"——水

蒋　侯

再好的朋友也有离别的时候。但要说真正离不开的朋友只有一个,那就是水。

水,如同我们的朋友,又犹如我们的亲人,一直无微不至地照顾着我们、滋润着我们。或许是人们过得太舒服了,又不知足,不知从什么时候,人们开始轻慢和虐待我们的朋友了。水,也是我们的生命之源。离开了它,就像一个人没有了内脏。而人们这样去肆意破坏水资源,只有一个后果,人们就会失去水这个朋友;失去了这个朋友就等同于失去了生命之源;而没有了生命之源,我们又将如何活下去呢?

人们常常说要节约用水,可又有多少人付诸行动呢?寥寥无几!全国有十三亿人口,人人都在用水,而且大量地用,不懂节约,使得有些地方严重缺水。以前,我也不懂得节约用水,总是觉得反正世界上的水很多,我多用点水也没事。但我并不知道的是,我多用的那些水可能就相当于非洲地区一个村庄居民的日饮水量。长大后,我才发现,其实世界上的水并不多。我们从地球仪看到的"水球"也并不是有很多水,其实可以用的淡水已经很少了。可是人们并不知道,还在浪费水,破坏水资源。

小时候，我老家的房子前面的一条河，原本是一条清澈、美丽的河，甚至可以和漓江媲美。可是现在，我每次回老家看到的只是黑得发亮的水面，像一面黑漆漆的镜子，映着光秃秃的河岸。来往的人们，在百八十米范围内，都捏着鼻子匆匆而过。一大群苍蝇却无视这一切，围着水面漂浮的垃圾，欢快地嗡嗡叫着。

我很奇怪，为何往日那一条美丽清澈的河变成了如今这副模样。为了解除心中这个疑惑，我跑去问爸爸。爸爸说，都是因为村里面有的人太懒了，不愿意走远路倒垃圾，顺手就把垃圾倒在了河里。说到底还是因为人们的一时自私毁掉了这条河原有的美貌。

而水在我们的生命中也起着重要的作用，它是生命的源泉，是人类赖以生存和发展不可缺少的最重要的物质资源之一。人的生命一刻也离不开水，水是人生命需要的最主要的物质。而且在现代工业中，没有一个工业部门是不用水的，也没有一项工业不和水直接或间接发生关系。更多的工业是利用水来冷却设备或产品，所以，水作为大自然赋予人类的宝贵财富。

自 2009 年 11 月，西南五省遭遇 60 年不遇的旱灾，昔日壮美秀丽的山川已然成为黄土高原般的土地。水——一个我平时不怎么在乎的字眼，现在成了他们每天为之奋斗的急需的东西。我似乎明白：水是多么重要！但是如果不去真正了解的话，像我们这种生活在一线城市或者新一线城市的人只会觉得水是多么平凡，而不知道那些缺水的偏远山区的孩子每天是怎样过没有水的生活的。也许很多人认为，十三年没洗澡是不可能的，但是如果这么认为的话就错了，因为就在我国的西部，就因为严重缺水而使得很多人十几年没洗过澡。

人们现在到处都在说"请节约水资源"，但又有几个人这样做了呢？我们在公共场所也看得到这种标语，而我们总是熟视无睹。节水可分为自发节水、效益节水和责任节水三个层次，不少人责任节水的观念不强。比如，有的人在家里节约用水，到了公共场所却大手大脚，这表明水在这些人头脑里仅是个钱的概念，而不是人类生存繁衍所必需的资源。只有在他们知道了浪费水的后果之后才知道不管在什么地方，都要节约用水。

假如我们人类有一天离开了水，我们难道还能生存下去吗？所以，我们要有警醒意识！尽自己的努力去珍惜、保护水资源。用我们自觉的行动撑起一片蓝天，让身边的水映衬我们生活的多姿多彩！

〔广东省东莞市南城东晖学校六（1）班，指导老师：黄昌国〕

节约一滴水，汇成一条河

裴嘉译

　　水，是生命的源泉，是大自然赐给我们的恩泽，鱼儿离不开水，花儿离不开水，人类更离不开水。世界上的一切生物都离不开水，所以我们人人都要节约用水，保护水资源。

　　我国其实是一个干旱、严重缺水的国家，东莞也是一个缺水的城市。我国淡水资源约为28000亿立方米，占全球水资源的6%，仅次于巴西、俄罗斯、加拿大，名列全球第4位。但是，我国的人均水资源量只有2300立方米，仅为世界人均水平的1/4，是全球人均水资源最贫乏的国家之一，然而，中国又是世界上用水量最多的国家。我们能使用的水资源仅仅只占水的2.53%，也就是淡水。仅有的2.53%的淡水又有一部分属于固体冰川，以及其他的水源，所以最后人类能饮用的淡水只有0.77%。少之又少的淡水资源又是这样被人类无穷无尽地浪费，我们是多么不该啊！1993年1月18日，第47届联合国大会根据联合国环境与发展大会制定的《21世纪行动议程》中提出的建议，通过了第193号决议，确定自1993年起，将每年的3月22日定为"世界水日"，以推动对水资源进行综合性统筹规划和管理，加强水资源保护，解决日益严峻的缺水问题。从此，各国开展一些宣传活动，提高公众节水意识。中国，全国城市节水宣传是从 1992 年开始，国家住建部把每年 5 月 15 日所在的那一周定为全国城市节水宣传周。因此，我们更应该爱护、珍惜地球上每一滴水。人人节约一滴水，就能汇成一条河。

有一次，在过年之前，全家进行大扫除，大伙儿都忙翻了天，叔叔负责搬运东西，婶婶负责洗衣服，姐姐负责洗被子，表姐负责擦窗户，我就把三楼一些有用的物品抹干净。我拿了一小桶水和一块白抹布，把布用水沾湿，就开擦了。我只擦了一个收音机，白布已经黑了许多，我把抹布洗干净后继续擦，等我擦完所有东西后，桶中的水已经比墨水还要黑了，我把这桶水抬到厕所，继续装一桶水去抹，擦完之后，放在门前的几棵树和花面前，姐姐问："你这是干什么？"一桶墨水似的水怎么还不倒掉？"说着，就要把那桶水倒掉，我拦住了，说："别倒，这水还有用呢！"姐姐不解地问："这么黑的水还有什么用呢？倒了得了！"我说："怎么没有用呢？这水不仅可以冲厕所，还可以浇花呢！"姐姐说："这么节约干嘛？地球上的水多着呢！还轮不到我们缺水。"我严肃地说："虽然我们中国的水量名列世界第 4，但是你知道吗？随着中国人口不断增多，我们人均水量只占世界人均水量的 1/4。再说，就算我国水资源多，但是，真正能够利用的淡水只有江河、湖泊，和地下水中的一小部分，可是有人不懂得保护环境，不断污染江河与湖泊，垃圾倒进河里，污水乱排，现在，大部分的江河、湖泊都被污染了，我们能利用的淡水越来越少了。只要我们全中国的人，一人节约一滴水，就能汇成好大一片汪洋，这些知识你的老师都没有教过你吗？"听了我的一番话，姐姐茅塞顿开，恍然大悟，姐姐说："那照你这么说，我们应该怎样节水呢？"我说："应该发动家人、邻居都加入到这个节水行列中来，洗手时水龙头不要开太大，洗完拧紧水龙头，还有，我们在生活中的废水不能浪费，可以储存好，用来浇花、冲厕所，不要用流水洗衣服，我们应该在各自家中贴上几条标语，发动家人节水，提高积极性。"于是，我就开始用我学过的毛笔字开始写标语，"人人节约一滴水，就能汇成一条河。节约用水，从我做起。"随着一条条标语的出现，加入到节约用水行列的人越来越多，就连我家邻居大叔大婶都加入到其中。

一滴水，微不足道。但是不停地滴起来，数量就很可观了。据测定，"滴水"在1个小时里可以集到3.6公斤水，1个月里可集到2.6吨水。这些水量，足可以供一个人的生活所需。是啊，我们人人都应该节约用水。

节约用水，从我做起！节约一滴水，汇成一条河！

（中堂镇中堂中心小学五年级）

请善待人类的好朋友——水！

邹永康

"上善若水，水善利万物而不争。"水是生命之源，它孕育着并维持着地球上的一切生命，离开了水，地球万物就无法生存。东莞是一座"水城"，也是一所"严重缺水"的城市，更需要我们献出全部的力量和情感来保护水环境，不让人类的眼泪成为地球上的最后一滴水！

——题记

天真的我，总认为水是取之不尽、用之不竭的，所以总肆无忌惮地浪费水资源。那一天，晚上八点多钟，妈妈说："儿子，快去洗澡啊！""哦，知道啦！"我拿起睡衣走进了洗手间，将睡衣挂好后，就拧开了水龙头，一股股清澈的自来水像瀑布一样从花洒中喷射下来，顿时清凉的感觉流遍全身，我尽情地享受着自来水的"抚摸"。过了一会儿，妈妈在外大喊道："还没洗完吗？儿子，水可是很珍贵的呀。"我不屑一顾，喃喃自语道："不就是那一点点水吗！算得了什么！"我边洗边哼起了《我爱洗澡》这首歌："上冲冲下洗洗，左搓搓右揉揉……"半个小时，我终于冲完凉出来了。这时，妈妈已在门外，似乎守候我多时，板着脸，然后开始训话了："阿康，你真不懂得节约用水，像你这样浪费水资源，将来水资源枯竭了，看你怎么办？"我狡辩道："妈妈，你这是什么话呀？在吓唬我吧，水那么多，怎么会用完呢？"妈妈语重心长地说："你知道吗？正是因为人类由着自己的心意不加节制的索取，并且把江河当成存放废弃物的'垃圾箱''污水池'，才使当前东莞水质不容乐观，供水量供不应求。如果我们人类继续这样错下去，东莞将面临严峻的水危机，准备要为水而战了。其实，我们节约保护水，是在保护我们的家园，保护我们自身呀！"

顿时，我的脑海里浮现出种种曾经在电视里看过的、课堂上老师讲过的有关污染水资源的现象：人们往水里乱扔垃圾；工厂为了贪图方便与利益，把没有经过处理的废水废渣源源不断地排进江河湖海，导致鱼儿逃不过死亡的命运，鲜花野草儿也受不了而枯萎……的确，咱们东莞的水环境目前得了严重的"污染病"，病根就是我们没有好好爱护她、珍惜她。现在只有一个有效的药方能治好她，这个药方就是要好好节约水资源，保护水生态，还它一个湛蓝、洁净的身躯！

难怪上周六晚上，我到爷爷家，看到爷爷正在用盆子洗菜，他把菜洗干净后捞起来，然后捧起盆子里的水往院子方向走去，用洗菜的水来浇花。原来爷爷是为了节约用水。我的脸"唰"的一下红了，感到后悔莫及：刚才那半个小时，我浪费了多少水呀！

从那件事以后，我变得爱水、节水、护水了，并且做到了"三思而后行"：洗米的水不再倒掉，而是用来洗菜、浇花；洗衣服的水不再倒掉，而是用来冲厕所；一瓶水不会因为喝不上两口就倒掉；水龙头在滴水时，马上拧紧；不往江河里乱扔垃圾；劝说身边的朋友珍惜每一滴水……

水，是我们赖以生存的好朋友，它敞开博大的胸怀，无私地为人类做着奉献，而人类却肆无忌惮地加重它的负担，损害她的健康。你听——潺潺的流声水，在痛苦地呻吟，在苦苦地恳求人类：不要再执迷不悟了，你们给我带来痛苦的同时，也会给你们自己留下无穷的灾难的。"不积小流，无以成江河。"醒醒吧，从现在开始，一起来珍惜我，爱护我吧。

朋友们，让我们像善待我们的兄弟姐妹一样善待水资源吧！

（东莞市高埗镇中心小学，指导老师：莫润超）

水歌荡漾，万物生长

钟雪杨

当晶莹的水珠点点滴滴地从我们手中流走时，谁又听到，水在唱歌，那是离歌。当混浊的水流从我们眼前流过时，谁又想过，现在，人类渴了有水喝，将来，地球渴了会怎样？

随着清晨的露珠缓缓从绿叶上流过时，人们欢声笑语地走进这片土地。渔夫轻摇着小船，看着河底的鱼儿满心欢喜；路过的小孩一低头，就看到水中倒映着自己干净清新的颜容。忽然，从林中跳出了一只可爱的小兔子，引得小孩不禁追了过去。傍晚时分，渔夫带着满满的鱼虾回了家；小孩也玩累了，在河边洗了把脸。

这片鱼米之乡叫鄱阳湖，是我国最大的淡水湖。从东晋南朝时就有的烟波浩渺的景象，现也竟如此了。现在的鄱阳湖，水域面积仅为历史高峰时期的1/10，往日繁华不见了。湖底大面积干涸，长满了杂草，鱼、虾等水生生物也大量死亡，着实让人触目惊心。干旱所引发的缺水现象严重地影响了人们的生活和生产。不同地区降水不均匀固然是干旱的原因之一，人们在生产和生活中对水的浪费也是难辞其咎。

我曾赌气一天不吃东西，却受不了一天不喝水。早晨的晴朗使我愉悦，我背着书包开始了一天的生活。到楼下时我突然想起没有带水壶，但是并没有回去拿，不以为然。离开了水，上午的我还是活蹦乱跳的样子，时不时和同学闹一个恶作剧。但到了下午的体育课，我就明白了鱼离开水的感受。阳光好像要把人给烤焦了，汗珠一点点挥洒着，体内水分也一点点流失着，这时候的我多希望能有一瓶水啊！一下课，我就和同学接水喝，"咕噜咕噜"的声音好像是水在轻唱，给生命带来充盈。

水是生命之源，没有水，就没有今天的一切。辽阔无边的大海、烟波浩渺的湖泊、奔腾不息的江河、雄伟壮丽的冰川、潺潺流动的泉水……正是这些形形色色的水，把我们人类的家园打扮得分外美丽，给地球带来了勃勃的生机。

水也是农业的命脉、工业的血液！一周无水，人则虚；一年无水，则国损；百年无水，将如何？谁也无法想象将如何，但结果必定是人类无法面对而又无法挽留的。人们把水看作是大自然给人类的无偿赠品，尽情地使用它、享用它。但是进入20世纪中叶以后，水开始成了稀缺品，而且是无可替代的稀缺品！越来越多的城市发出了缺水的告急声！1977年联合国水会议发出警告：水不久将成为一个深刻的社会危机，继石油危机之后的下一个危机便是水。水资源危机正成为目前人类面临的最主要、最紧迫的环境问题之一。

醒醒吧，人类！水是取之不尽、用之不竭的吗？答案是否定的。我国的人均水资源本来就不丰富，再不注意节约用水，我们将面临严重的水荒！历史上，有多少地方，由于水源的枯竭，绿洲变成沙漠，城市变成废墟。新闻中的可怕场景在我脑海中浮现：塔克拉玛干大沙漠中的楼兰古城废墟、毛乌素沙漠中的统万城废墟……一个曾是古丝绸之路上的繁华商城，一个曾是显赫一时的夏国都城，由于没有了水，现在都淹没在流沙之中。一个地方没有了水，人们可以迁住他乡，可是如果地球上所有干净的水都被弄脏耗尽，人们又该迁向何方？

大地干旱，花草树木失去了往常的神采奕奕，变得无精打采，面临着死亡的危险。动物也变得苟延残喘，互相残杀，只为了保护自己和家人。人类失去了水，对自己之前的行为后悔不已，拜神求雨……难道我们希望看到这种场景吗？不，我们不希望。我们希望的是让鱼儿自由自在地在水里游泳，让我们喝到清澈甘甜的泉水，让水生物得以健康成长。

我们心疼水的流逝，更必须做出行动。其实，更多的水是在不知不觉中流逝的，作为中学生的我们，可以做到许多力所能及而又节约水的事：1. 打开水龙头要适度。我们在打开水龙头的时候一定不要开到最大，一个适度的水量也可以让我们洗得很干净，水流过大反而没有太大的益处，也会让资源造成浪费。2. 多次使用二次水。用过的水也不要全部放掉，洗菜的水可以用来浇花，洗衣服的水可以用来冲马桶，这些都是可以反复利用的。3. 家庭内宣传。在家庭内多多宣传吧，让大家一起来节约水，只有做到让更多的人参与，这种节约水才会产生越来越大的影响力。除了这些之外，还有很多很多可以节约水的办法，只有我们心存保护水源之心，便还有无限可能。

水，是一首歌，有自己独特的节奏。它歌颂历史，感叹现在，诉说未来。我们倾听着水，悼古怀今，见证万物在水的滋润中生长，那么，水又将怎样穿越今天，奔向未来？我们的子孙又将面对一个怎样的世界？

一滴清水，一片绿地，一个地球。

〔万江二中初一（9）班〕

保护水资源，共创我们美好的明天

田 卓

辽阔无边的大海、烟波浩渺的湖泊、奔腾不息的江河、雄伟壮丽的冰川、潺潺流动的泉水……正是这些形形色色的水，把我们人类的家园打扮得分外美丽，给地球带来了勃勃生机。水孕育了世间的精灵，它推动了我们在生命的长河中航行，是它让生命生生不息，你能想象吗，如果没有水，地球会是什么样的呢？那将是一片枯黄、一派死寂。没有水，就没有植物、没有动物，也没有人。水因此成了我们最珍贵的资源。

在生活中，我们经常看到浪费水、污染水的现象，如：水龙头未拧紧，滴漏；大手大脚地用水，任水哗啦哗啦地流；生活废水随意排放；等等。各种有害的物质，如农药、重金属、化学物质、致病微生物、油类以及各种废弃放射性物质……被人为地排入水中，并超出了水本身的净化能力，于是就产生了污染。大量的污水物排入河流，造成内陆水域污染，继而使湖泊和海湾污染，就连地下水也难逃厄运。水污染对人的健康危害极大，污水中的致病菌可引起传染病的流行。各种工业废水、农药等有毒物质排入水中，可使饮水人中毒。重金属污染的水进入人体，会使人慢性中毒等。

前几天，我和爸爸妈妈一起到东江旁游玩，我们想呼吸呼吸新空气，可有一股奇臭难忍的味道，只看见浮在水面上的都是垃圾，水变得很混浊。我真不理解人为什么不明白水本来就少，再破坏水资源，我们怎么活下去。

去年看过这样一个电影：在中国一个十分缺水的山区里，打水都要从几十里以外的地方打，一下雨大家就把家里所有的容器全搬出来盛雨水，而我们却还在浪费水资源、破坏水资源，难道这不是等于在犯罪吗？我曾做过一次试验，如果正常洗一次手只需要约 0.5 千克的水，而如果用浪费水的方法洗一次手就要用约 2.5 千克水，大约是正常洗手的 5 倍！

面对水的挑战，我们必须清醒地认识到：水资源是有限的，世界上没有任何东西可以代替水！历史上，有多少地方由于水源的枯竭，绿洲变成沙漠，城市变成废墟。例如：塔克拉玛干大沙漠中的楼兰古城废墟、毛乌素沙漠中的统万城废墟就是见证。一个曾是古丝绸之路上的繁华商城，一个曾是显赫一时的夏国都城，由于没有了水，现在都淹没在流沙之中。一个地方没有了水，人们可以迁住他乡，可是如果地球上所有干净的水都被弄脏耗尽，人们又该迁向何方？

中国是一个水资源紧缺的国家，尽管水资源总储量达 2.8 万亿立方米，居世界第 6 位，但中国又是 13 个人均水资源贫乏的国家之一。专家预测，中国人口将在 2030 年达到 16 亿的高峰，再加上日益严重的水污染，到那时，中国将成为严重缺水的国家。

因而，我们要保护水资源，防止水污染，从身边的小事做起。如：节约用水，关好水龙头……我们要大力宣传水资源保护知识。否则人类看到的最后一滴水，将是自己的眼泪！我深信，只要我们珍惜、爱护水资源，不滥用、不浪费、不污染水质，好好调配使用，再加上先进的科学技术，不断广开水源，我们的子孙后代就不必再为缺水而发愁，世界的明天一定会更美好！

（指导老师：韦丽湘）

妈妈挑水

蔡润琛

　　生活中离不开水，可是我们却很少去注意水的存在。我觉得只要打开水龙头就可以享受水带来的便利，却从来也不去想究竟水从哪里来？又要到哪里去？直到有次家里停水，我在经历了没有水冲厕所、洗手等不方便之后，才想起来一个个问题："水从哪里来？又到哪里去？""古时候没有水龙头，怎么生活？"妈妈听了我的问题，笑着说："这些问题你可以到书本里找找答案，妈妈今天给你讲讲我小时候跟水的故事吧！"

　　妈妈小时候生活在矿区，由于矿区开采矿资源，破坏了地下水，经常出现水不够用的情形。虽然也有自来水，但是一个星期才可以供应一次。一家人水不够用，还需要走十五分钟到山脚去挑泉水。外公家有三个很大的水缸，一个装自来水，一个装泉水，一个用来装雨水。自来水是用来洗衣服、拖地板，泉水就用来煮饭、饮用，雨水用来浇菜。每当周一有自来水供应的时候，大家都像过年似的，把家里的各种东西都拿出来洗洗。每当下雨的时候，外公就把家里的桶放在屋檐下接雨水，桶是铁做的，雨水落到桶里的时候发出滴滴答答的声音，就像放鞭炮。

　　在矿区，家家户户都有一套节约用水、循环用水的妙招。如洗米水用来洗菜，洗菜水用来拖地。山脚边的泉水，大家也都墨守成规，只能用来饮用，不能拿去洗衣服。有一年夏天放暑假，天气特别热，本来一个星期供应一次的自来水也停止了，大家只好全家出动去挑泉水。

外公外婆上班，妈妈为了减轻他们的负担，担着一担桶就跟小伙伴出门了。到了挑泉水的地方，妈妈才发现来晚了，排队挑水的人们已经排起了长龙。妈妈就跟小伙伴商量，不如去离家有半小时的另一个地方去挑水。那个地方不仅远，而且都是山路，别说小孩，就连大人都很少去那里挑水。当妈妈到了那里把泉水往家里挑的时候，头顶着夏日的骄阳，脚走在崎岖的山路上，步子还不能太快，怕水会溢出来，一步步艰难地走着。就当妈妈挑着水走到一个下坡路时，一个不留神，连桶带人摔了下坡。妈妈的腿擦破了皮，水也洒了。妈妈再也忍不住了，大声地哭了起来，小伙伴们也都停了下来，不断安慰妈妈。有个小伙伴放下自己的担子，从自己的桶里倒了一些水在妈妈的桶里，其他小伙伴看了也纷纷把自己的水分给妈妈。那天，每个小伙伴都是挑着半桶水回家的，大家一路唱着歌，忘记了刚才的不快。这是一次难忘的经历，虽然妈妈摔跤了、水洒了，却收获了童年的友谊。每当妈妈回忆起这段往事都感慨万分，水是生命之源，更是友谊之源。

现在我们再也不用走山路挑水了，但是水却依然是我们生命中离不开的东西。用金钱可以买到水，却生产不了水。我从书本上得知，地球是目前被发现唯一有水的星球，可以供人类饮用的淡水其实很少，我们都要学会合理使用水。

保护水资源从我做起，废弃的干电池要放进回收箱里，我们要养成爱惜每一滴水的习惯，洗衣时、洗菜时、洗碗时、洗澡时我们都要好好节约用水。

（茶山镇第三小学 402 班）

生命之源——水

陈玉婷

是什么滋润了万物，让原本低矮的小树长得高大挺拔，让原本无精打采的小花变得娇嫩欲滴，让原本枯萎的小草变得生机勃勃，让这个美丽世界更加绚丽，又充满色彩。是水创造了这一切，水让我们人类生存下去，活在这个美丽的世界里。

那么，万物生长皆因水，可是现实生活中，人们却渐渐把水源污染了。随着工厂的增多，一些工厂为图方便，工作过程中直接把污水排入河道，更有个别无素质的人经常往河里抛生活垃圾。所以呈现在我们眼前的河水是混浊的，而且是臭气冲天的，行人路过，都会皱着眉头，捂着鼻子匆匆离去，避而远之。曾经听妈妈说，她小时候河水清澈见底，小鱼小虾多的是。夏天，河边可热闹了，小伙伴们在河里快活地游泳、戏水，还会用洗脸巾偷偷地去捕捉小鱼小虾，可开心了。妇女们会把一家大小的衣服全都拿到河岸里洗，一边洗一边高声谈笑。男人们则来来回回地挑着水桶往家里储水用。晚饭后，老人家纷纷拿着小木凳，结伴成群地坐在河边乘凉闲谈。可是，妈妈说的这一切已一去不复返了，那里已听不见孩子们的欢笑声，再也看不见人们那热闹又温馨的情景了，剩下的只有寂寞和孤独，造成这一切的……唉！其实都怪我们没能好好保护它。

　　随着社会的进步，生活水平的提高，家家户户早已安装上自来水，有了自来水后，人们用水显然方便得多了。然而水来得容易时，用水就变得奢侈了。看哟，有人仅仅只洗个手，就把水龙头开得哗啦哗啦地响，水流不停。洗澡时更为了享受过程，迟迟不愿离开浴室，这岂不是白白浪费了宝贵的水源吗？曾经在电视上看过报道，住在偏僻山区的人，其实面临着缺水的困难。看到那些孩子全身脏兮兮的，嘴唇干巴巴的，连食水都成问题，就更别指望能痛痛快快地洗个澡，就算找到水源，也是受污染的。所以那里的人，健康承受着极大的威胁，相比之下，我们这边能用上充足的水，真是无比幸福！因而正在浪费水源的人，也是不是要好好反省一下自己平时的用水行为。

　　其实，我也体会过缺水的滋味。记得有一次，我家提前收到了停水通知，但当时没立即做好储水的准备，结果第二天早上拧开水龙头时，发觉水流得特别缓慢，才意识到即将要停水了，可是家里还未储水。正在忙的妈妈命令我马上储水，我奔跑着拿来几个水桶，放在水龙头下接水，水滴滴答答地流下来，在阳光的照射下，仿佛看到水闪着迷人的光芒，我心急地等待着，最后才打了两桶水，就停水了。唉！可接下来用水的地方可多着呢，要洗菜、煮饭、洗手、冲厕所……仅仅两桶水即将要用完了，可怎么办呢？只好尽量将剩下来的水节省着用，这回终于让我感受到水的珍贵！

　　因此，在日常生活中，我们都应该有节约用水的意识，平时洗完衣服后的水可以擦地板；洗手后的水也不要倒掉，储起来也能冲厕所；淘米水也有很大的用处，用来浇花，花草会生长得特别茂盛。夏天，吹空调时，外机流出来的水也能利用。记得，在一个很炎热的早上，我刚起床就看见妈妈从阳台外提着满满的一桶水拎到屋里面，我一脸疑惑地问："妈妈，你在干吗呀？"妈妈说："你昨晚不是整夜开着空调睡觉吗？这是从阳台那部空调外机流出来的水呀！"我漫不经心地说："没水用吗？要费心思存这点水。"妈妈抚摸着我的头，指着那桶水告诉我，这些水虽然不能食用，但流入水渠里也是白白浪费的，倒不如储起来冲厕所用啊。是呀，其实妈妈的做法真对！不得不说这是节约用水的一个好办法。同时，为了让大家都能用上健康的水，我们也要好好保护小河的卫生，不要再往河里扔垃圾，也希望有关部门监督工厂不把把未处理过的污水直接排入河里。让小河恢复那昔日美丽的容貌吧，假若再花点心思在河两岸种上美丽的鲜花，那里肯定又成为人们再次欣赏的地方了。

我有个梦想，假如我能成为一个科学家，我想发明一个存水机，它的功能可广啦！在下雨天时，把存水机放在雨中，按下按钮，就可以吸收大量的雨水，雨水会经过自动处理，快速地净化水源，然后可以直接供人们饮用了。如果把这个存水机送到贫困山区，那最适合不过了，是不是觉得我的想法很天真呢？但我真的想在水源方面做出贡献，不过现在我必须要好好学习，才能实现我的梦想。

水是生命之源，珍惜水源，要从我做起。我们时常要怀着一颗感恩的心，感恩现在的一切，感恩赐予我们生命的每一滴水。要永远记住一句话"节约水光荣，浪费水可耻"。珍惜生命之水，让我们的世界变得更加美好。

〔道滘镇中心小学五（1）班，指导老师：王学武〕

那个进男厕所的女生

曹轩烨

> 与其在一旁苦苦坚守规则，不如迈出一步，只为守护那可贵的资源，只为自己坚守的信仰。
>
> ——题记

我们班的女生——小乐，是一个娇滴滴的小女生，是个标准的好学生，遵守学校各种规则，不喝酒不赌博，不早恋。内向害羞，甚至连与男生说一句话都好像天要塌下来了，如果生活在古代，一定是个深闺大宅里的富家小姐。

可就是这样一位"小姐"，竟然在某天闯进了男厕所。

一个傍晚。我和她因为值日，回家较晚，离开教室时，校园早已失去了往日的喧闹——没有几个人了。当经过一楼男厕所时，竟隐约听见男厕所里传来水流的声音。一听就知道，肯定是哪个冒失鬼上了厕所又忘记关水龙头了。

她拉住我："要不要进去，把水关掉……"

我看了看四周："呃，可那是男厕所呀！"

"可是……"小乐欲言又止。

空气凝固了。只有一弯新月，盈盈跳上枝头。昏暗的灯光下，只有立在厕所边的我们和远方几个摇晃的人影。

我们站在那儿，没人走，没人说话，只是，厕所里面哗哗的水流声更刺耳了。

突然，小乐左顾右盼，仿佛在侦察是否有人，然后蹑手蹑脚挪到了男厕所门口，手指小心叩了叩门："有人吗？"没有传来回应。她回过身来，看了看我的眼睛："这样太浪费了，我们一起去关吧！"我想了一会儿："会有男生来关的。"

沉默……

我转了一圈，感觉有一个书包落在脚边。一个回头，小乐不在了，只有男厕里逐渐变小继而消失的水流声。

仅过两三秒，小乐便飞一般跑出来，大口吸着户外新鲜的空气——她在里面根本不敢呼吸！

毕竟是一个乖乖女，去男厕所关水什么的，一般女生都难以接受，更何况是她这个害羞的"小姐"呢。

其实，我知道，她家不差钱，甚至可以说是"土豪"。但，"再有钱，也不应该浪费资源，钱是你的，资源却是大家的。"这是她的原话。

我的心一阵悸动。

第二天，有一个女生贼头贼脑地凑过来，小声地说："你班上的那个小乐，昨天跑进男厕所，是不是很糗？"

我看着她的眼睛说："不，你错了……"

〔东莞市长安镇乌沙小学六（3）班〕

水——生命之源

邱子凌

在茫茫的宇宙里，有着一颗蔚蓝色的星球。她，就是人类共同依赖的母亲，地球！地球也是一颗水星，她被晶莹的水衣裳围绕着，用那纯净的水滋养着我们。

可是，你发现了吗？地球妈妈洁白的衣服在渐渐消失，乌黑的臭水取代了原先的净水，地球上的江河湖泊都像被墨汁染过似的，成了地地道道的"黑龙江"。

可恨的是，工厂还在把工业废水从它的"脏嘴"里排出，污染着附近的小河。有些人为了图方便，把生活废水不加思索地推卸给小河，从不考虑排入那一步之遥的排水沟。路过小河边，人们闻到的是一股令人恶心的臭味，尤其是夏天，苍蝇乱飞，臭气熏天，让人烦躁又厌恶。

水被污染得面目全非，可水资源的牺牲并没有唤起人们的环保意识，你们知道吗？我们虽然生活在被水覆盖的星球上，但是地球上的海水不能喝，剩余的少量淡水又大都集中在终年积雪的高山和寒冷的南北两极，这样一来，人们所能利用的淡水实在寥寥无几。现在，有些人还是那么不自觉，毫不节制地用水，如果我们再不节约用水，地球上最后一滴水将是人类的眼泪。

一个人如果不进食，喝水也能坚持五六天。水是人类的生命之源啊！更何况，我国也是缺水的少数国家之一。边疆沙漠地区久旱不雨，面临着严重的水荒。所以说，保护水资源是我们义不容辞的责任，肩负这个重任，我们责无旁贷。

我常常能看到一些学生洗完手不关紧水龙头，"滴滴答答"的声音仿佛在告诉我们"龙头打开水哗哗，转身莫忘关掉它"。我暗自思忖：水漏 24 小时就能浪费 26 升，一年浪费 4380 升，这样我们离干旱又近了一步……

在西部地区的人们肯定不会像我们一样，他们的生活和我们简直就是天壤之别呀！前几天，我听我们班的同学说："像甘肃、宁夏等缺水地区是很少有水的，所以我们要珍惜水源。"回到家后，我上网查了一下，有一句话叫："半夜起来去找水源，直到公鸡打鸣时，才找到水源。回到家太阳已经下山。"这句话特别适合在缺水地区生活的人们。听了这一句话，我仿佛看到了一群农民三更半夜地起床去找水源，仿佛看到了缺水地区的人们看到水源时的惊喜之情，仿佛看到了农村妇女背着水源回家。

其实，节约水资源十分简单，只要从日常生活做起。比如：淘米水可以用来浇花；洗头、洗澡水可以冲厕所；等等。只要我们随手关闭水龙头，那么水就不会白白地流掉。如果我们做到一水多用，就可以"保护"地球水资源。如果我们能勇敢阻止浪费水资源的行为，就可以让地球变得更美丽。

同学们，每一滴水都是圣水，每一滴水都是宇宙的缩影，让我们行动起来，珍惜每一滴水，保护每一条河流！

（东莞市石龙镇中心小学西湖学校 504 班，指导老师：李东儒）

水——生命之源

张鑫磊

我对水最早的印象应当是在四五年前，阅读丰子恺先生的《辞缘缘堂》时，里面有这样一句话：

> "……然而因为河道密布如网，水陆的调剂特别均匀，所以寒燠的变化特别暖和……"

我读到"调剂"一词时，对其特别有兴趣，在这平淡无奇的词语中，似乎包含了水的温润、水的柔和。我便对河道纵横的东莞也产生了兴趣，在梦中，作文里时常幻想这种江南水乡的感觉。

但随着年龄的增长，我逐渐了解到，东莞可能并不像我想象中的那么丰水。

我时常骑车到同沙水库，我的父亲，一位看似智慧渊博的家长，往往不放心我，也会跟在我后面骑行，我的力气在某一天超过了他，他就不与我并着走了。有一天我忽然问他："同沙水库的水也会枯竭吗？"

父亲笑着说："当然会。"

我显得有些吃惊："同沙水库那么多的水，东莞那么多雨的天气，也会枯竭吗？"

我爸用力地蹬了几下踏板，一下子与我的自行车并齐了，两辆高速行驶的自行车突然便拥有了谈话的能力，他才开口道："中国人口太多了，很多事情当然不能以别国的规律判断。我记得几年前好像就有一场特大旱灾，大家都没水喝了。我们工厂也不能开工，每天还要提供两瓶标准装的纯净水给工人——那个时候的纯净水，贵死了！"

"那……"我愣了一下，"如何洗澡呢？"

我爸听了不禁笑骂："还想洗澡，那个时候基本没有批发水，全是小瓶的水，每天能用毛巾擦擦身体就不错了。"

我恍然，于是草草结束了这个话题，继续和我爸谈一些其他的事。

但东莞并不如何多水的印象已经种进了我的心里。

到了今天，我才有点明白了缺水的含义。这种缺水，似乎已经渗透进了许许多多人的生活当中去。小区停水了，好像也并不罕见，生活继续过，只是在洗澡的时候抱怨几句，去水库周边玩时小桥的桥墩露出一大截，也并非十分不正常。这就像走路经过一条街道，看到有什么店倒了，什么地砖碎了，昔日摆棋盘的大石块变成了工整的大理石一样。我们了解了，知道了，可能生活因此又受影响或是便利了。这在我们的认知里，形成了规律，久而久之，便释然了。但，没有人想过，昨天夜里水管爆掉无人修理的洗手间，前天正午游人如织的公园里滴答抽泣的水龙头，有可能是翌日清晨洗脸白白流走的无关紧要的洗脸水。我们断水时，我们玩赏时，何曾想过这些何等温润、柔和的水。我们拿钱买的水，自然可以浪费，我们拿钱买的门票，也就没有理由没有水。但，无论如何，都要记得，水——生命之源。

一切生命，都是起源于水的啊！

（东莞市南开实验学校初二伯苓班，指导老师：田博勋）

看，水"哭"了

唐　萌

　　我是水，从前，我能帮助人类，是人类生命的依靠，我是何等骄傲！可我现在——面目全非，我怨啊！我恨啊！我悔啊！

　　从前，我迈着轻快的步伐，穿着湛蓝的衣裙走遍世界，风儿微笑着问我："水，你要去哪儿?"我答道："走遍世界，去滋润世界。"风儿笑道："祝你成功。"花草树木对我微笑，它们感激我的帮忙，我走到哪里，哪里就鲜花盛开，绿树成荫。伴随我的总是赞美声，我最自豪的是——我被人们需要。我对待人类就像自己的儿女，我甘愿为他们付出一切，包括我所拥有的一切，我让人类打捞鱼、虾……我亲手将他们送上了餐桌，他们同样是我的儿女，由于人类的过度捕捞，他们已经所剩不多。他们找我抱怨，向我哭泣。我没有办法，手心手背都是肉，我只好将它们藏了起来。

　　直到有一天，我起了床，门外又传来哭泣的声音，我有些烦躁，又有些心酸，出去一看虎鲨、鲸……都在外面，他们看到我出去，瞬间忘了哭泣。他们直勾勾地看着我，我皱了一下眉头，它们说："水，你的衣服。"我看了看衣服，顿时，我惊呆了，我那美丽湛蓝的衣服不见了，只有一件充满油污、肮脏的、难看的裙子。我惊呆了，几乎是尖叫："不，我的裙子。"再仔细看我的水晶宫，周围一堆垃圾，再也看不到原来美丽的一切。

我真的生气了，我怒了，我吼道："是谁？"鲸站出来："是人类，水，你不能再'包庇'他们了。"我好像全身的力气被抽光，所有怒气一扫而空，只剩下心酸、无奈。

我将水晶宫的大门关上，将我一个人关起来，我终于忍耐不住，在只属于我一人的天地里默默哭泣，是啊，鱼哭了，我知道了。可是，我——水哭了，鱼和人类知道吗？

我在不断思考着我对人类的付出，我有想过要回报吗？没有。可是，人类，你们怎么能这样对我，我不会伤害你们，因为我爱你们。但是，这次，你们真的触碰到了我的底线，不要怪我！

我收拾好情绪，走出了水晶宫。门外，鱼儿们十分着急，见我一出来纷纷围了上来，乌龟爷爷率先说道："水，你终于出来了，我们可担心了，人类最近越来越嚣张，海豚妹妹被人类扔下来的垃圾砸伤了，水，你不能再包庇他们了，难道你想看到水族被人类灭绝？再看看你，你被人类给折磨成什么样！"我冷笑道："是该给人类一个教训了。"鱼儿们一听，开始欢呼。

我来到海面，召唤我最得力的助手——龙卷风，它嚣张地席卷了沼泽地区，将房屋、树木吹到天上，但我还是大发慈悲，不伤害人类。但我看着这一切，并感受不到半点痛快，只是身边的水族一直在欢呼，我无奈地摇摇头，回了水晶宫。

过了很久，我忽然想去地面上看看，我变回了水，但不复从前的清澈，散发着一股恶臭，来往的行人无不嫌弃。我的体内流淌着油、垃圾，于是我不能轻快地走路，这"哗——哗"的声音是我哭了。

风儿来了：他看见我一惊，随即说道："水，你怎么变成这副模样？"我咬牙切齿地说："是人类。""你保护的人类，他们怎么能这样对待你。""我也是看错了，接下来，我不会再管他们。"风笑了笑："你早该如此了。"

我是人类的救命恩人，养育着他们，可看看他们干了些什么？我为他们，将我另外的儿女送上了餐桌，我的心都在滴血啊。人类啊，这是你们自找的！

接下来，人类接受了我疯狂报复的洗礼，这是他们罪有应得，海上被我搅得天翻地覆；陆地上，雨不停下着，山洪、泥石流暴发，四处逞凶。

我倦了，我明白再怎么复仇，都还不回我湛蓝的衣裙，还有我光彩夺目的水晶宫。我寻了个地方，沉沉睡去，在梦里我梦到了以前美好的情形……可梦一醒，入眼的还是不堪入目的水晶宫和一身脏的衣裙。突然风儿到了我的水晶宫，一脸担忧道："水，自然妈妈叫你过去，小心点，人类也在。"我接受了风儿的劝告，踏上了旅程。

来到自然神殿，我惊呆了，以前的自然妈妈是多么美丽，青山为裙，森林为发，寒冰为骨，玉雪为肤，算得上是宇宙第一美女，可现在，自然妈妈一头青丝，已经寥寥无几，绿裙也变黑，肌肤还是那么白，不过是苍白，现在的自然妈妈怎么会变成这样？

自然母亲看到我震惊的表情，无奈地笑笑，我转头一看，看到了人类，我彻骨的恨意涌了上来，满心的恨意将要化成行动，该不会是人类导致自然妈妈变成这样的吧？不会，自然妈妈可是创造他们的人。转念一想，怎么不可能？我是他们生命的支柱，他们都下得去手。因此，我更恨人类了。

人类看到我立刻对自然妈妈投诉："水迫害我们，她伤害了许多无辜的人类。"我冷冷一笑："他们无辜，难道我就不无辜吗？妈妈，您看我身上的衣服，再看看您，这些都是人类的错啊，我那是对人类的惩罚。"我转身就走，独留自然妈妈和人类面面相觑。

我一出去，有点呼吸困难，又想到人类，又想到自然妈妈，我在心中吼道："妈妈，这次，我看在您的面子上，就放过人类，你也要小心为上。"

人类啊，快点醒悟吧！再也不要让我哭了，不然，你们将会承受灭顶之灾。

（谢岗振华学校603班）

天更蓝，水更绿

付佳欣

水是人类赖以生存的重要自然资源，是生命的源泉，大地上的每一个生命都需要水滋润才能成长。水是多么伟大呀！它把自己无私地奉献给需要它的人！但是，水并不是取之不尽、用之不竭的，由于人们随意浪费水资源，中国的许多城市和乡村的水资源都已严重污染和枯竭。

在我们的生活中，浪费水资源的现象相当严重，我就读的学校，有的同学上厕所时忘记关水龙头，有的水龙头经常坏掉，水哗哗地流个不停，日积月累，不知浪费了多少水。

我家里亦如此，妈妈洗菜洗碗也不关水龙头，我们觉得长流的水洗出的东西更干净。

有一天，我在电视上看到一个关于节约水资源的节目，是一个来自甘肃名叫江涛的小女孩，引起了观众和主持人的注意，她手里始终握着矿泉水瓶，她太珍惜这甘甜纯净的水了。通过视频短片，我们了解了她的家乡，那里遍地是干裂的黄土，空中黄沙满天飞，简直是一个不毛之地，她们一家吃用的水要借邻居的驴到十几公里外的地方运回来，我看着她小小的年纪就要帮着妈妈去运水，弓着腰，用瘦小的手推着与她极不相称的笨重的驴车，喘着粗气，满头大汗地向前，一步一步地推回家。主持人说，那些水还又苦又涩。小女孩的故事对我触动很大。那天晚上，我第一次觉得我们以前那么浪费地用水，简直是一种罪过。我郑重地对父母说："我们该节约用水了。"

第二天，我闻到厨房里传来菜的香味，我就知道妈妈开始做饭了，我连忙爬起来，躲在厨房门外，偷偷地看妈妈今天是不是还像原来那样。只见妈妈把米倒入高压锅，打开水龙头，用手洗米，接着把淘米水倒入一个装水的塑料桶里。看来，妈妈今天也开始节约用水了。我也不能食言，我走进卫生间，用脸盆接水洗脸，洗完脸，用洗脸水冲马桶。等我穿戴整齐来到餐厅，妈妈已经把饭菜做好了，我发现厨房里多了一只大水桶，我走近一看，水桶里有半桶水，水里还有菜末儿，我明白了，那是洗菜的水，我故作惊讶地说："妈妈，你要用这水干吗呀？"妈妈瞧我一眼笑着说："就用这水洗你的衣服。""妈呀，那我的衣服还不变成绿色环保服装了。"爸爸走了进来说："那不更好吗？""好，好，好，洗你的才好呢！"我故意噘着嘴说。妈妈接着说："好啦，好啦，吃饭啦，那水是用来浇花的。"

几个月后，我们家的水费明显少了许多，我们一家人也积累了一些节水小妙招，我们打算把这些妙招介绍给亲朋好友，也让他们与我们一样，节约用水。

别忘了这句话："地球上最后一滴水，那是人类悔恨的眼泪。"国家为了合理利用水资源，花费了大量的时间、精力，还有财力，那么我们也要合理利用水资源，做出自己的一份贡献。我相信，人人节约用水，个个珍惜和保护水资源，只要全国人民共同努力，水资源将会越来越丰富，祖国一定会更加美丽富饶，天更蓝，水更绿！

（东莞市轻工业学校16平面4班，指导老师：农凤娥）

生命中的水

张博睿

水是生命之根源，是万物之母。水，可以让爷爷的禾苗结出累累硕果；水，可以让奶奶的菜籽发芽苗壮成长；水，可以使小树苗长成参天大树；水，可以使沙漠变成绿洲……没有水的地方就没有生命。

去年暑假，回到老家，烈日炎炎，骄阳似火，地面被晒得烫脚，可是见到爷爷戴着草帽总是往田间地头跑，我很好奇地跟了过去，只见爷爷汗如雨下，焦急地叹着气，愁眉苦脸地望着田里的庄稼。我顺着爷爷的目光望去，田里的泥土已经龟裂成一小块一小块的，每棵秧苗的叶子都已经枯黄了好几片。"这里已经一个多月没有下雨了，再这样下去，庄稼就要死光了，没有收成，我们就没有粮食啦，现在不能在这'等死了'，只有自己动手抽水了。"爷爷激动地说着。爷爷说完就往家里跑，找出抽水用具，忙着到远处的河边架上抽水机，摆上长长的水管，向田里灌溉。爷爷在抽水机旁守了一天一夜，等到第二天，一股股清澈的水流到了稻田里发出"咕噜、咕噜……"的声音，好像田里快要渴死的秧苗正在大口大口喝着甘甜可口的水，昨天还耷拉着脑袋、无精打采的秧苗今天又昂首挺胸、精神抖擞地站起来了，好像威武不屈的战士守在岗位上。田野里一片碧绿，爷爷看见眼前一望无际青翠的秧苗又恢复了往日的生机勃勃，绿绿的新芽儿又开始探出了头，拼命地扭着身子快乐地往上长。他这才舒了一口气，但爷爷说还是盼望老天能早点下雨，抽水只能解决这一时，不是长久之计。这时奶奶也正在利用抽来的水去浇菜园，她忙得团团转，像陀螺一样，忙个不停。

水对人类和庄稼多么重要啊！我们都知道，水在自然环境和社会环境中都是极为重要而活跃的成分。山清水秀、鸟语花香、风调雨顺、五谷丰登，是人类追求向往的境界，也是人类劳动创造和精心爱护的硕果。

有一次看电视正在播放《动物世界》栏目，看到非洲大草原上因为几个月都没有下雨，由于自然干旱，河流干涸了，鱼儿和虾也干死在河床上，狼藉一片、惨不忍睹……草原上的植物也几乎都枯死了，由于没有足够的水源和食物，那些老弱病残的动物尸横遍野，凄凉一片，其他动物：大象、斑马、牛羚等浩浩荡荡走了几十公里，终于陆陆续续来到了还有一点点水的湖泊，但这里却危机四伏，它们警觉地停了下来四处观察，但有些渴得实在受不了的动物还是奋不顾身地冲了上去喝水，它们有的被埋伏在湖泊旁边的狮子杀死，成了它们的食物，还有的被潜伏在水里的鳄鱼咬住拖进水里……动物为了喝上一口水，不惜冒着生命危险去寻找，水对动物也是多么宝贵呀！

水是生命之源！一滴水相当于一滴血，水是人类赖以生存的宝贵资源，水也是地球上万物生灵的生命之源泉。有人说：地球是一个"水球"，三山六水一分田，但淡水只占地球的2.6%，而纯净可以喝的淡水只占1%……让我们从现在开始，从点滴做起，随手关紧水龙头，节约用水、合理用水、保护环境、保护水资源，让我们的家园永远拥有碧水蓝天！

〔东莞市大朗镇第一小学五（1）班〕

大海与小溪

周　桦

在一个风和日丽的下午，大海觉得有点无聊。于是凑近小溪说："你瞧我，我的海水这么多，再瞧瞧你，就这么一丁点，着实寒碜。"

小溪说："确实！与您浩瀚的大海相比，我是真的小得可怜。但是你也要知道，这个世界上每个人、每一样东西都有它的作用。水，你比我多很多，但不见得你一定比我有用，也不见得都有用。"

"我的海水这么多一定都有用，一定都有用！"大海肯定地说。

小溪又问道："你怎么就知道你的海水一定都有用呢？"

这时候大海正要反驳的时候，有两个人走过来了。小溪连忙向人们大声喊道："你们要节约用水啊！不能浪费宝贵的水资源。"

其中一个人满不在乎装着没听见，另一个人却不耐烦地说："为什么呢？为什么要节约用水，这水不是很多吗？"

小溪回答道："的确，水是有很多，但是并不是所有的水都可以给你们人类直接利用。你们能直接利用的淡水已经少得可怜了。如果你们还像以前那样浪费水资源的话，总有一天你们会被自己害了。"

两个人都点了点头然后从旁边走过，这时大海骄傲地对人们说："快来看看我，我是多么美丽啊！"

人们问道："你的水可以喝吗？你的海水是什么味道的？你的颜色为什么是蓝色的？"人们的问题一个接着一个，使得大海都不知道怎么回答。人们看见大海不说话，也停止了提问。大海低下了头羞愧地说："我！我也不知道。"

"我来告诉你们吧！"小溪说，"海水是不可以直接饮用的，因为海水是咸的，同时海水中有很多对人体有害的东西。海水虽然也是水，但海水中含盐太多，这么多的盐是人体无法承受的。海水进入人体后，不仅不能向身体组织供水，相反还要夺取人体内的水分。大海美丽的颜色是因为江河把自己的水汇聚给了它，水深了就呈现出蓝色。"

大海的脸红了，小声地说："我知道为什么小溪说要节约用水，不浪费水资源了。我不应该自高自大，不应该骄傲，更不应该瞧不起小溪。现在我明白了自己的错，谢谢大家。"

两个人也都低下头离开了，四周又恢复宁静。

大海却站在那里若有所思的样子，他紧紧地拉住小溪的手对小溪说："小溪，对不起！以前是我的不对，是你让我重新认识了自己。你愿不愿意做我的好朋友，让我们一起看看谁在浪费水，破坏水资源。"

"好呀！我们本来就是好朋友呀！"

日复一日，年复一年，他们的队伍慢慢壮大。小草、大树、高山、白云都加入了他们的队伍。相信在他们的帮助努力下，我们每个人都能喝到清新甜润的水，我们的节水意识都会更强，我们的世界会更加美丽。

又是一个风和日丽的下午，大海和小溪在悠闲地晒着太阳。周围的一切却在他们的眼里。

（凤岗清英学校305班，指导老师：刘国辉）

水的思考

陶　锐

　　水，无人不知，无人不晓，无人不用。在日常生活中处处有水的影子，水也是消耗量最大的能源物质。洗衣、做饭、刷牙洗脸等都需要水，世界万物都需要水的滋润和呵护。世界因有了水而变得生机勃勃，花朵因有水而变得无比芬芳，小草因有了水而变得苍翠欲滴，世界因有了水而变得缤纷多彩。水多么重要，没有水，人类将无法生存。

　　生命之源给予了万物生长的需求，也是它对人类无私执着的付出。这个道理大家都懂，但我们大多数人并未因此而觉得水有多么珍贵。对我们这些居住在城镇的人来说，自来水一开，清水哗哗来，仿佛取之不尽、用之不竭，洗一件衣服要漂上几遍十几遍，洗拖把哗哗地猛冲上十几分钟；一壶水喝不了几杯就倒掉。尤其是公共场所，"水漫金山"，无人过问，如厕洗完手水龙头不关就扬长而去，诸如此类的事情比比皆是。人类毫无节制地浪费宝贵的水资源，这致使我国正面临着淡水资源缺乏的趋势。

　　众所周知，东莞是一座"水城"，河涌纵横交错，水库湖泊众多，堪比"水上威尼斯"，可为什么也被列入"严重缺水"的城市？除了肆意挥霍水资源，破坏水资源的现象在东莞也十分常见——河流周围的工厂每年将大量的废水不断地排进河里。原来清澈见底的河水如今变得乌黑乌黑的，上面还泛着肮脏的泡沫和腐烂的水藻……人们非但没有找出解决的方法，还肆意投入大量垃圾，现在东莞有许多河流已经变成了垃圾成山、臭气熏天的臭水沟。每当行人路过那里的时候，往往要捂着鼻子皱着眉地走过。就和观澜河一样，观澜河是东江一级支流石马河的上游，属东深引水工程水源补给区，也是深圳市饮用水源保护区。观澜河在深圳主要流经宝安区的观澜、龙华二镇，再汇入东莞石马河，流域面积为二百零二平方公里。但是近年来，曾被深圳人称作"母亲河"的观澜河，河水呈深黑色，散发出刺鼻的臭味，有的河段还裸露出布满淤泥的河床。

曾有这样一则公益广告：一个生锈的水龙头，正艰难地往外滴水，滴水的速度越来越慢，最后一滴水也滴不出来了，随后出现了一双眼睛，眼中流出一滴眼泪。其寓意是：如果人类再不珍惜水，那么我们看到的最后一滴水就会是我们的眼泪！可能有人觉得这则广告是瞎扯，因为他们认为地球表面70%是被水覆盖着，无论怎么用也用不完。我很严肃地告诉你们，你们的想法太天真了！地球表面虽然70%是被水覆盖着，但是在这70%的水中，只有0.01%是可以直接饮用的淡水，其余都是不可以饮用或利用的海水！！另外，中国人均淡水资源占有量是世界平均水平的1/4。简单点说，就是把世界淡水平均水平比作一桶水，中国却只能用一勺水。按照这样算的话，中国各个城市就只能用一两滴水，这是一个多么触目惊心的数字啊！

所以，我们应该从身边的小事做起。不要随手乱丢垃圾到河里，合理排放污水。以节约水为荣，浪费水为耻，随手关紧水龙头。一水多用，用洗菜、淘米、洗手、洗衣服的水来浇花、拖地、冲厕所……如果能长期坚持，养成节约水的好习惯，那么，每一个渺小的我就能为节约用水、保护水资源、保护人类的共同家园做出应有的贡献。

水，就是生命的源泉。珍爱水资源就是珍爱生命，有了每个人对水的珍惜，才能使人类社会自强不息；有了每个人对生命的珍爱，人类才能有这个幸福美好的家园。为了让人类社会自强不息，为了我们幸福美好的家园，就让我们一起去保护、爱护生命之水吧！

〔捷胜小学四（3）班，指导老师：许小晴〕

泪，水

谢蔚雯

夏日炎炎，炙热的阳光蒸烤着大地，炫耀着它那迷人的光芒，茂密葱郁的香樟如同墨水大肆渲染着，搁下片片阴凉却也挡不住那灼热的光芒。校园小道，空无一人，只有那聒噪的蝉独唱着，阿谀奉承着太阳。热，似乎永无止境。

我眯着眼，匆匆跑回宿舍，谁也不愿意被恶毒的阳光曝烤。刚刚到了宿舍门口，抹了一把汗，重重地叹了一口气，实在好热。倏忽，窸窸窣窣的声响引起了我的注意，往角落里一瞧——又是她，又是那举动。她小嘬一口水，静静地含在口中，接着喉头颤动一下，嘴巴微微一张，轻轻的一声：啊……那副幸福满足的神色让我扑哧一笑，笑她傻得可爱。那红扑扑的黝黑的脸一瞧就知道跟我一样受过蒸烤。

我热瘫在床铺上，咯吱咯吱的风扇声充斥耳畔，那风是热的。舍友一个一个推门而入，都是一副待死的绝望，嘴里不停地控诉着这夏日太阳的罪行像足了聒噪的怨妇，那不堪入耳的言辞如大雨倾盆而下。不知谁提议了一下，洗了一把脸，爽快一下。我和几个宿友听了之后茅塞顿开，争先恐后地冲向洗漱台，拧开水龙头，哗啦啦的清水喷涌而出，我们欣喜地用双手捧着水，仿佛此水只应天上有，人间难得几回爽。水过脸颊，渗透着肌肤又从指缝中流淌而过，丝丝清凉泛上心头。如此有了第一次的清凉，就有第二次的贪婪。我们几个放肆地用水泼脸、洗手，企图想通过这种方式减轻夏日的炎热。可那小小的清流弥补不了我们炎热的这个大窟窿。这时，一个声音在哗哗的流水声中异常突兀，"你们不要浪费水，不要这么做……"我们几个乐在其中，丝毫不把她的话放在心上。那声音渐渐地消失，似乎什么也没发生过。待我们停歇下来，小小的宿舍里便听到她侧躺在床上嘤嘤哭泣的声音。我们十分惊愕。看着她瘦削的后背，看着她被眼泪浸湿的睡枕，我们开始意识到不对，但我们无言以对，因为任何的安慰在此时似乎都显得苍白无力，我们静静地回到自个儿床铺上。

那个中午很热，但我们却凉到无法午睡。

午休起来时，她待我们全坐起后，低着头，我们看不清她的神情，只能听到她静静地说，她是随迁子女，曾在黄土高坡上与爷爷生活，土地贫瘠，几无雨露，贫困落后又偏远的城市，水经常供应不足。那矮小破旧的薄铁水壶装的水放在那儿经常只是看一眼，不到口干舌燥就舍不得喝……

她说了好多好多，她沉浸在童年的回忆里，我们沉浸在她的言辞里。一滴晶莹透亮落在地上，我们沉默着。就因如此，她喝水时总是小嘬一口，总是流露着满足幸福的神情。我们笑她傻，可真正傻的是我们。

我想，那一滴泪只是她童年的回忆？不——那绝不单是对水的弥足珍惜，那更是唤醒我们对大自然的良知。水让我们得以生存，而我们难道不应该去珍惜大自然不求回报的真心吗？人难道就是这样的吗？拥有时无所谓，失去时知可贵。当最后一滴水将会是我们的泪水时，当人类再也找不到干净的泉水时，一颗绝望的心只好带着遗憾于回忆之中无言忏悔。我们都知乌鸦反哺，所以我们更应该珍惜水资源，用我们的珍惜爱护回馈于大自然母亲。人类不应该忘记大自然最初给予时那因得到而感到的幸福满足。

那滴泪水啊，犹如一泓清泉，流淌于大自然的怀抱，也流淌于我们的心中……

（茶山镇第三小学 505 班，指导老师：谢闰光）

节约用水，保护水资源

蔡乐帆

没水的日子不好过。周末，爸爸一进门就嚷嚷："乐帆，明天要停水，家里得蓄点水，你也来帮忙！"我听了不以为然：不就是停水吗？没什么了不起的。爸爸看穿了我的心思，说："你这孩子是没吃过苦头，如果你尝过停水的滋味，你就不会这么说了。"

第二天醒来，我早把停水的事抛到了脑后。穿好衣服下楼去刷牙，拧开水龙头，却发现一滴水都没有。我这才想起来：今天停水。真是的，好不容易迎来了国庆长假，还要停水。幸亏爸爸英明，准备了好几桶水。我一边洗漱，一边暗暗佩服爸爸的先见之明。

转眼间就到了中午。吃饭前，我习惯性地打开水龙头，水还没有来，我感到很失望。水呀水，你究竟要停到什么时候？我原本打算下午好好洗头，可是因为停水，家里的备用水也不多了，洗头的事只好推迟到明天。

傍晚，妈妈洗菜时，我看到妈妈用的是中午洗菜时剩下的水，我嫌脏，让妈妈换一桶水，妈妈说："要是把剩下的水用来洗菜，我们晚上估计连饭都没的吃了。"唉，今天停水，连洗菜水都得反复使用了，现在我终于明白爸爸所谓的"吃苦头"是什么意思了。没水的日子还真不好过。

吃过晚饭，我又去开水龙头，皇天不负有心人，水终于从管子里流了出来。尽管水还有点浑，可却是在我的千呼万唤中流出来的，心里自然很激动。虽然这次停水的时间不足一天，但我觉得仿佛过了一个世纪。今天我才明白水在生活中有多么重要。

现在，我把这件事说出来，就是想说：我们离不开水，一旦没有了水，就等于没有了生命。其实，节约用水并不难，只要我们大家行动起来，人人都节约水，从小事做起，从生活中的一点一滴做起，我相信通过我们大家的共同努力，我们的家园、我们国家的水资源一定会保护好的，子孙后代就不会因为没有水资源难以生存，世界就不会因为没有水资源成为废墟了。保护水资源，也代表我们的爱心。节约用水也是我们为干旱灾区人民尽的一点微薄之力，帮助受灾的人们渡过难关，让他们把干旱的损失降到最低，我相信明天将会更加美好，我们需要保护的其实不是水，而是我们的家园，是我们人类自己。

我呼吁：我们大家都行动起来吧！节约每一滴水，保护水资源，让我们人类不要因为没有了水而难以生存。让我们的家园、让我们人类的明天更加美好！更加繁荣富强！让我们都行动起来，保护水资源，节约用水吧！

〔常平第一小学四（4）班，指导老师：李丽英〕

当节约受到表彰

李雨珊

一年前的夏天，那天校长在与我们畅谈"人生大道"，末了，他补上一句："表扬李雨珊同学主动关闭水龙头，望大家效之。"

我一愣，随即便想了起来：昨日，我看见有个水龙头没有关紧，便上前拧紧了它，当时，校长便从后面走来，问了我的班级。

待我回过神来，发现班主任站在我旁边，用手拍了拍我的肩，赞许地看着我，说："不错。"

回到家后，我仍在回想这件事，如热血涌上脑的喜悦早被冲淡，我开始有了些许不解，不就是关了一下水龙头吗？为什么要这么大张旗鼓地进行表彰？我撑着额头，用笔轻轻敲打着桌子，静静地思考。

校长无非就是表彰我节约用水，保护环境嘛！可是保洁阿姨比我做得多呀！为什么不表彰她呢？我抓了抓头发，十分不解。对啰！我一拍脑门，那是她的工作呀！可是……

我的心仿佛落空了一般，猛地一沉。可是……节约用水，也是我的本分呀。如同被泼了桶冷水一样难受，我体会到了那表彰背后的悲哀。

节约水源受到表彰，其反映的普遍问题则是少人节约，这才导致个别突出个体被表扬宣传，而少人节约的原因，便是这"并非本分"。

我们总是过于理所当然地享受这一切，我们以高傲的姿态俯视我们赖以生存的家园，并用尽一切方法去"征服"它，榨干它的一切价值。可是我们污染的所有水源，终将回到我们身边，我们浪费的一切水源，终将让我们日渐艰难。

就好比吸毒的人，自以为得到了满足，最终伤害的，还是自己，一切，只是时间问题。

我们说，"哀哀父母，生我劬劳"，于是我爱他们；我们说，"桃李满天下"，于是我们敬他们；我们说，"水是生命之源"，可是，我们又做了什么？

人们常说"滴水之恩，涌泉相报"。若有人救你于危难之中，你定会倾力偿其恩情。可对于给予你生命基础，充斥你一生的水，你又为何无动于衷呢？

因为你感受不到水的重要性。

从小享有优质水源的我们，根本不明白水的重要性。每个人在口渴的时候，都应尝试静下心来，仔细感受水在你身体中的律动，理解水的生命，那样也许能让你领悟到：是水救赎了我们。

我们有义务保护水资源，不仅仅因为它是生命之源，更出于感激。

也许，你该看看以下数据：

据统计，全国699座城市中有440座供水不足，110座严重污染；32个百万人口以上的大城市，有30个长期受缺水困扰；46个重点城市中，45.6%水质差……

如今，东莞缺水的情况也日益突出，东莞主要供水源90%以上取自东江，但其开发利用率已接近极限……

人体80%都是水，我们依靠水生存、生活，我们拥有着不知从何而来的可笑自信，面对为数不多的水资源，肆无忌惮地挥霍。

也许，类似的数据，你看过很多，多到已经没有触动。

教育人们珍惜水资源的文章，大多数是善劝，我认为，纵观如今的水资源，诸如此类文章，便该成威胁。温室效应到 100 摄氏度时再保护环境是来不及的，我们没水喝的时候再节约水源也是没有用的。

没水喝，离我们好像很遥远。

可是，谁知道明天和意外哪个先来呢？也许明天我们的恶果就来了，又有谁知道呢？

那么，从我做起，珍惜水资源。

至少意外来临的时候，还有希望。

别让节约成为高尚，请记住，那是义务。

（东莞中学松山湖学校初一 10 班，指导老师：张锦光）

节水！节水！

黄建华

　　在家里，妈妈常常批评我浪费水。

　　说实话，浪费水的坏毛病我是有的。每天洗漱，我都得用去两大盆水；每次洗手，我几乎没有一次拧紧过水龙头；每天洗澡，我一洗就是一个钟头……据妈妈说，我们家每个月用水超标，就是我害的。我听了，哭笑不得，说，就这点毛病，怎么可能用得了这么多水？妈妈听后就来气，说我数学白学了，对我一通痛骂。可妈妈的这一番痛骂效果不佳，就像一阵风，在我耳边吹吹就走了。我没听进去，依然你行我素，每个月的水费不但没减，反而增加了。

　　妈妈见我被批评后浪费水的毛病一点没改，彻底火了。我真是敬酒不吃吃罚酒！她决定采取强硬措施。

　　一个周六晚上，爸爸难得下班早回家。为此，妈妈准备了一大桌的菜。我们一家子就围坐在圆饭桌上旁，一起吃晚餐。正吃得津津有味时，妈妈站了起来，冷不丁地说："大家都听好了！从今天开始，我们家里要节水！"话音刚落，我、爸爸和妹妹都呆住了，停止了咀嚼，但随即哈哈大笑起来。妈妈糊涂了，一头雾水，不解地问。我忍住笑，一本正经地说："我们都知道这一点，还用你说？"妈妈叉着腰，说，我们家的水费支出太大，必须节水。还说发现浪费水的现象，就要扣钱。这下，我们就笑不出来了。不只是我，爸爸、妹妹都浪费水，只是没我厉害。惨了！以我的习惯，我岂不是要破产了？我忧虑地想。

果然不出所料，第二天，我就被妈妈抓住了把柄。

"华仔！你给我过来！"早上，妈妈愤怒的声音从厕所里传出来，好似一把利剑，刺痛我的神经。完了！肯定是被抓到了浪费水的证据，我可不想被逮个正着啊。于是，我赶紧背起书包抓起水瓶，开始畏罪潜逃——溜去上学。可刚潜伏出客厅，妈妈就从后边跑出来，拦在门口，说："哟！想去哪儿呀？"说着，就一把拉我到厕所。一看，原来是我没拧紧水龙头。妈妈关紧水龙头，笑着说："按规矩办，你得上交十块钱！"什么？十块钱！不就是没拧紧水龙头嘛，罚这么多，抢劫啊！但经过思想激烈的挣扎，我还是慢慢地从口袋摸出十块，忍痛交给了妈妈。要知道，如果我起身反抗，不仅要被批，还会上学迟到。我可不想偷鸡不成蚀把米。没事，留得青山在，不怕没柴烧！下次，我可不会再犯错，让妈妈抓住我把柄了。我暗想着。

晚上。

"华仔！快点啊！马上就要到时间了！"妈妈拿着手机在厕所旁不耐烦地说。

"哦，知道了！"我赶紧加快了洗澡的速度。

唉！说来悲哀。放学后，我拖着疲惫的身躯回到家，想洗个热水澡。可妈妈竟然要求我在 20 分钟内洗完澡，不然就罚款，这怎么可能啊！

许久后——

"看！华仔，你超时间了。"妈妈拿出手机，幸灾乐祸地说，"按规定，罚款十元。"

哦不！苍天啊！大地啊！你待我太不公平了！我在心里悲叹，可也只能乖乖地交出钱。

一个月后，这些节水的规矩就被妈妈废除了。为什么呢？因为我已没有

"资金"再赔款？因为妈妈放弃了节水？都不是。渐渐地，我才发现——原来是我已经摒除了那些浪费水的坏习惯。

〔东莞市道滘中学初一（5）班，指导老师：李小慧〕

水——生命之源

李宇淇

我，大自然的产物，拥有着晶莹剔透的身材；我，可以给树木提供营养；我，可以给人类饮用；我，可以给动物吸收水分；我，可以洗净所有灰尘；我，就是生命之源——水。

如果没有水，世界上就不会有人类；如果没有水，世界上也就不会有万物；如果没有水，世界上更不会出现生命。

我，常被人类痛恨，他们因为我发洪水，冲走粮食，淹没庄稼而痛恨我的无情；因为干旱，饥渴难忍而痛苦不堪；因为污水、臭水而捂鼻躲我远远的，可他们并不知道，这一切实际上其实都是人类自己造成的后果。

记得有一次，我在河边散步时，突然听到震耳欲聋的"轰隆"声，原来几位伐木工正在攻击我的"保镖"——树小哥，我飞快地翻滚，发出水声去警告他们"别砍了！别砍了！"，可是，这一点用处都没有，伐木工人们还是疯狂地砍着树木，紧接着，树小哥一棵接着一棵地倒下，被"押"上货车给带走了！没过几天，我身边的"保镖"已经所剩无几！原来大片大片的树林变得空荡荡，只留下一些光秃秃的矮树墩，难看极了！于是，我决定搬去别处，在我走时，一不小心，碰到那些软绵绵的泥土，泥土失去了水分然后就拼了命地往水下潜，水慢慢地升高，一米，两米，三米……最后，天空中飘来乌云，霎时大雨倾盆，我不停地涨高涨高，终于，我漫过了岸边，流进了村庄，接着冲倒了房屋，冲毁了一片片庄稼，没过多久，原来美丽的一个小村庄变成了一片汪洋。我多么希望人类可以从一次次洪水的自然灾害当中得到警醒，同时反省随意砍伐树木的错误。

同样，人类也会因为缺乏我而痛苦不堪！没有水，植物庄稼将干枯，动物死亡，人类饥渴！而这一切也是因为人类浪费水而造成的严重后果。记得有一次，我化作一滴雨，来到一所学校，看到同学们课间休息时，我惊呆了！竟然有同学上完厕所，打开水龙头洗完手之后，不关水龙头就离开了；这时我欣慰地看到一名一年级的小女孩，她见了，立刻关上水龙头。突然，我又听到水流的哗哗声，原来又有些同学在跑来跑去地嬉戏，一边开着水龙头，一边打着水仗，上课铃声响起时，同学们却还是对开着的水龙头视而不见，任由宝贵的水资源一分一秒地流失；我是多么心痛，多么希望人类可以珍惜我，从小养成良好的用水习惯。

不仅如此，如果人类不懂得如何正确处理垃圾废料，做好环境保护，那么再怎么节约用水也等于零！当我在清澈见底的小河里休息时，常常有人朝我扔垃圾、瓶子、纸屑，并给我取外号"臭水沟"，每个人都躲我远远的，我内心是多么委屈呀，我原本可是一条清澈见底的小河呀，可是到了这里，人类却向我扔垃圾，使我变得肮脏不堪，臭气熏天。

自然界的一切事物中，唯有水最珍贵。水是万物的生命之源，我只想跟人类说：请节约用水，少砍树，多植树，不乱扔垃圾，做好环境保护，减少污染，这样人类就有可能保留下我们的生命之源——水，请不要让眼泪成为地球上的最后一滴水。

〔虎门镇大宁小学四（2）班，指导老师：曾夏黎〕

觉醒吧，人类！

李雨露

俗话说："人是铁，饭是钢，一顿不吃饿得慌。"大家都知道吃饭可以填饱肚子，补充体力，如果不吃饭就会饿死。但是大家有没有想过，如果人体没有水会怎样？

你们有没有浪费过水？你们可知道水对人类有多重要？

当你参加运动会刚跑完几百米时，口渴难耐却没有一滴水；当你早读读完书时，口干舌燥却没有一滴水；当你干完活时，汗如雨下却没有一滴水；当你坐在办公室入神办公时，口渴却没有一滴水；当你早晨起床习惯性地拿起水壶倒一杯水时，却没有一滴水流出；当世界上再也没有一滴水了，你会怎么办？是急匆匆地动身去寻找水源呢，还是不以为然，或者说是坐以待毙不为所动，继续浪费其他来自大自然的资源呢？

我曾做过一个试验。

我养了一株小野花，用湿润的泥土养育它，天天用心灌溉，认真施肥。小花好像知道了我对它的良苦用心，每天努力成长，生长出枝干绿叶，不断长出美丽的花朵，可以和玫瑰一拼，却是妖娆中多了一分野性。我一直舍不得拿它做试验，怕不小心弄死了小花，只好一直这样精心培育着。直到有一天，我从电视上看到了一些干旱地区的人们痛不欲生，才终于下定决心想看看结果。我小心翼翼地将花连根拔起，小心护住，放到太阳底下晒，接着又将花盆中的泥土换成没有水分的干沙，把花重新种下去。过了一星期，我没有为花浇一滴水，任由它自生自灭。很快，它枯萎了，花也谢了，两片枯叶向前伸着，好像在和我讨水。再过了一星期，小花的根也慢慢地萎缩了，没有了生机。我心疼不已，用针筒装了水，滴了几滴在花上，原本没有一丝生机的小花奇迹般吸收了水，将水化成自己身体的一部分，我见状，连忙用针筒给它滴了更多的水。日复一日，小花竟然摆脱了死气沉沉的模样，恢复了生机勃勃的样子。也许是经历了上天赐予的一场磨难与考验吧，小花开得比以前更茂盛、艳丽了。由于我对它的愧疚，我为它选了一块好地方，把它送回了大自然。

水对生命来说是多么重要啊！

地球上有如此多的干旱地区，可是到头来有些人只知道坐享其成，只知道自己有水喝，有水用，就肆无忌惮地浪费水。你们在做一件事情的时候，没有考虑过这会给别人产生什么样的后果？当你们在无意中浪费一滴水时，可曾想过生活在干旱地区的人们想要一滴水却没有，你们浪费的也许就是他们拼尽生命也想要挽留的。当你们随便拧一拧水龙头就有水流出时，有些人走上几十里才可以找到水源，甚至有些人即使走上百里路也找不到水源。人类是万恶的，你们浪费的不仅仅是水，更是生命啊！

你们考虑过吗？珍惜一捧水，就可以挽留一条生命；保护一方水源的清洁，就可以造福生态环境。

可是人类却一而再，再而三地伤害大自然。你们难道没有一点点羞愧之心吗？你们知道吗？当你们污染水源时，也就污染着整个地球的生命。当树木在地下吸收养分，吸收到重金属等有毒物质掺杂的水分时，就会中毒枯萎而亡。当小动物喝水时把塑料袋喝进肚子里，就会消化不良，导致死亡。那么，如果水中的毒素没清理干净，从而进入人体呢？如果真的这样，便是人类自作自受了。污染了水源，还会让鱼儿无家可归，甚至让它们死在自己的"家"中。这种场面真让人寒心！

　　水正在一点一滴地被耗尽，万物都需要水，请大家不要再执迷不悟了，尽自己的一份力，爱护水资源，不要再浪费一滴水！当世界可用的水源慢慢增加，当世界的每个角落都有河水涌动，那该有多少孩子不再哭泣，脸上洋溢出天真无邪的笑容；该有多少动植物存活下去，繁殖后代！人类啊，觉醒吧，不要再错下去了！

（指导老师：叶翠新）

水知道答案

李司晨

人类似乎天生对水有着亲切与归属感。

我常常会看着水面发呆，无论江河湖海，哪怕洗脸盆里的水。在外游玩时，我盯着水面，看层层涟漪，看波光粼粼，每一寸纹都有着同样旖旎动人又不尽相同的弧度，每一处光都映着不同的山水景色，每一刻都带来不同的乐趣。

小时候家住在山下，山上有座水库，大概是因为距离太近，后院水龙头里的水不同于市区里的那些"嗞"的一声然后喷薄直泻而下，而是一串一串，像池子里吐泡的鱼。

有天中午，我从后山回来，拧开水却不动了——眼前的景象迷住了我：大串大串剔透的"水"微微颤动着从我的指尖滑过，透过阳光可以看见它们透明的影子，像一层薄如蝉翼的羽衣摇曳着，直至坠落，溅起一地光华。脑子里轰的一声，冒出一个词"飞珠溅玉"。一种不可名状的喜悦席卷了我——仿佛参与了一场生命的典礼，惊喜地看着它们出生，坠落，再轮回。

当时我朦胧地感到，或许，那是生命？

曾跟着大人乘船出海，我趴在船舷上。看着船边一道道的白痕被划开又合上，看似凶狠地拍打着船舱发出"哗哗"的声响。我看了看手里的瓶装水，隔着它我看到的还是蓝天大海，以及不时闯进视野的海鸟和鱼，就像把世界塞进我的小瓶子里，我喝着水，舔了舔嘴巴。

大概水和水是不一样的？海，太凶了，我有些瑟缩。

不久后，我就切身体会到了另一种恐惧——

假期跟家里大一些的孩子去游泳。我扒着泳圈胡乱蹬着脚，狼狈的样子逗得他们直笑，笑完了，凑上前来嚷着教我，一群人七手八脚地扯开我的泳圈后托着我的手却突然松开，我就这么茫然无错直直地沉了下去。

就像电影里的慢镜头，我感到轻柔绵软的液体漫过我的全身，同化我的四肢，鼻腔里一阵沉甸甸的凉意，我像躺在云上飘浮着，但缓缓下沉，我不住地吐着泡，看它们在浅蓝色的水里游走然后破裂。

其实那一瞬很短，很快我就被捞了起来。我甚至还没从"原来从水里看太阳是这样的"第一反应中脱出来，灌满水的鼻腔就再度被吸入的空气刮得生疼。

它们还是一样的。

现在的住所附近有一处泉眼，这是我搬来两年后才知道的。周遭的居民常去汲水，母亲知晓后便拉我同去。那是一方裂开的大石中间被人插入根塑料管，下方用红砖垒成一个小池子。我随意掬起一捧清凉，它在我手心沉甸甸像一颗心脏微微搏动，散发着清澈的气息，从那缕气息里，可以嗅到它走过的江流婉转，听过的雨落鸟鸣。

我认出它了，在山下的后院，在海上，如今，在这里。

我忽然就明白了那种亲切与归属的来处。

与君共饮同源水。人们从水里出生，依靠着它居住生活，最后回到它的怀抱。

这就是生命。

〔东莞市光正实验学校高二（1）班，指导老师：高海燕〕

水精灵的悲哀

李欣妍

我是在梦中，在梦的悲哀中心碎。

——题记

"疏影横斜水清浅，暗香浮动月黄昏。"一道稚嫩的嗓音在黄昏时响起，是一个可爱的小女孩。当她的话说完时，天边划过一条淡蓝色的光线。须臾间，一颗圆圆的淡蓝色的脑袋出现在小女孩的窗后，一双深蓝的眼睛如琥珀一般干净，一对蓝色的翅膀在她身后展开，灵动地挥舞着。

入夜，小女孩准备睡觉，那条蓝色的光线"咻"地钻进小女孩的脑袋。"这是哪?"小女孩来到了一个山清水秀的地方，美丽得让她沉醉。"这是你的梦境，我叫水清浅，是石马河的水精灵。我想跟你做朋友，可以吗?"小女孩一转过头就看见一个全身淡蓝色的、清澈灵动的水精灵在跟她讲话。不等她多想，水清浅慢慢牵住她的手，她瞬间清醒了，水温柔地拂去了她的困倦，一股清甜在她鼻尖萦绕。她欢快地回应了水清浅，从此以后，每个夜晚她们都一起玩耍。

有一天，小女孩在洗手，那些水珠凝成了一行字：有急事，今晚不能跟你一起玩了。这天晚上，水精灵真的没有来。第二天、第三天……过了很久，水精灵还是没有来，小女孩忍不住有些担心，直到有一天，水精灵来了。

那天，小女孩一进房间就闻到一股恶臭，这味道简直令人作呕！一摊污水自墙角流下。她走到墙角，却让她大吃一惊！这是水精灵！可，这还是当初的水精灵吗？现在的她清澈不再，只剩下一身恶臭，原本清澈的蓝色变成了如今恶心的黑色，讨厌的苍蝇围绕着她嗡嗡响。令人清醒的馨香也不复存在，小女孩被这味道熏得头都要晕了。她关切地问道："怎么了？发生什么事了？"水精灵一边哽咽一边说："我家附近最近很多工厂都发展起来了，这我很开心。但是人们把没经过处理的工业废水排放到我家，生活垃圾也都丢到我家，久而久之，我的家就变成了污水，我也被污染成这样了。"小女孩很震惊，第二天就去到了石马河。

原来的石马河干净清澈，可是如今——即便是太阳光直射在水面上，也只能看到黑漆漆的污水和各种垃圾，臭气仿佛编织成了一张大网笼罩着这个角落，怎么逃也逃不掉。河的两岸杂草丛生，她看到各路行人捂着鼻子快速地跑过，连猫猫狗狗也不愿多靠近一分。她听到一个老爷爷感叹地说他小时候都在河里洗澡，河里的水干净得都可以直接拿来喝，现在却成了这副模样，不知道还能不能再见到河里有鱼。小女孩突然很伤心，这条除东江之外东莞最大的母亲河，如今变成了这副模样，都是人们不懂珍惜造成的。水是生命之源，如今水污染再多一些，那么人们的生存空间就再少一些，如果世界上最后一滴干净的水都被污染了，那么人类离灭亡就不远了。

小女孩回到家后，经常睡不着，那个干净又美好的水精灵不复存在了，她总是在梦里感到悲哀，感到心碎，她多么想说：人类啊，快醒醒吧！

〔东莞市塘厦初级中学初二（12）班〕

水王子

梁雨馨

看似平静的水面下暗藏着大千世界，水中央渐渐荡起一圈圈波纹。水精灵随着风声摇摆着、旋转着，欢快地跳着舞，欢迎水王子的到来。

他来了。他皮肤赛雪，如水一般吹弹可破，飘扬着的头发好似蔚蓝的海，与水融为一体。最引人注意的是那双眼睛。他们都说海洋幽静深蓝，我想他们一定没见过水王子的眼睛，如山涧清爽的风，将人的忧愁烦恼都带走。

水精灵们兴奋地跃动着，调皮地围着水王子，将他逗得笑个不停。嘴角上扬成好看的弧度，连眼角也弯弯的，眼里的笑意藏不住，眼底一片澄澈。

"嘻嘻嘻。"整个水城里充满欢笑声。可是在与水精灵们的嬉笑玩闹中，水王子却渐渐感受到生命的流逝。"怎么……会这样呢？"水王子不禁慌了神，一种巨大的恐慌感将他包围，感觉心跳漏了一拍，"不，不会的。"水王子自我安慰道，都没发觉自己的话有些结巴。接着他猛然跃入水底，在水宫殿里找到了水皇和水皇后，也就是他的父亲与母亲。他们互相看了一眼，都看到了彼此眼里蔓延的苦涩。

"人类终究还是没有丝毫的悔过。"水皇后哀叹道，曾经如潺潺泉水般的声音变得沙哑，透出无尽的悲哀。

"水污染已经让水精灵们苦不堪言，如今水城遍地是人类给我们留下的疤痕，水城里到处都是水精灵的呜咽声。水面上漂浮着的全是人类随手丢下的、散发出阵阵恶臭的垃圾。"水皇子深深叹了口气。水皇子和水王子的眼睛十分相似，有些凹陷但满是深邃感。但现在水皇子的眼底污浊不堪，丝毫找不到曾经清澈的痕迹。

水皇后接着说道："可人类没有丝毫的觉悟，连续不断的水资源浪费，整个水城生灵涂炭，多少水精灵因此断送了生命。你们听……"水王子侧着耳朵细细听。"滴答滴答"是水龙头在滴水，伴随着水精灵们的尖叫，又有不少水被浪费。

水皇后说话间，又有许多水精灵变成幻影、水皇后和水皇子的身体也几乎透明。

水皇后伸出几近虚无的手，抚摸着水王子低垂的脑袋，叹了口气。水王子抬起头，望着渐渐消失的父母，眼里是满满的苍凉。但也是一瞬间立马消失，水王子马上强撑起笑容，眼里被污浊染上颜色。

"人类……"水王子暗暗握紧拳头，心里像是有什么东西被强行剥离出来，强烈的疼痛过后又空落落的。

在人类的浪费与污染下，地球上的水越来越少，水城里再也听不到嬉笑声，取而代之的是尖厉的叫声，声音无比刺耳，仿佛要穿透水王子的耳膜，几乎处处都是一片哀号。"滴答滴答"的声音总在水王子耳边回荡。曾经的水球，现在放眼望去皆是一片荒芜，没有一丝生气。

水王子看着眼前的一切，无力感占据整颗心脏，有说不出的苦涩，空气里好像都弥漫着忧伤的气息。

终于，人类遭到了报复。接连不断的海啸吞没了一个又一个城市，仅剩的可饮用水资源也让海啸给一并带走。所有的幸存者聚集在大厦顶端，拍卖唯一一杯能够饮用的水，尽管有些污浊，却是整个地球上仅有的一杯。

那杯水就静静地被放在拍卖台上，水暗自翻涌着。水王子终于又扬起了笑容，那是疯狂报复后的快感，仅存的那杯水，就是水王子。

"砰"的一声，水杯炸裂开，里面的水全部流出，被炽热的太阳烘烤，几乎是瞬间就消失殆尽。

"人类啊，你们觉悟了吗？"

水王子变成蒸汽漂浮在空中，俯瞰着一切。人类将地球建设得如此繁华，最终也葬送在了自己手里。整个繁华的世界，埋藏着的都是人类的尸体。这真的是你们想要的完美世界吗？

〔东莞市塘厦初级中学初二（5）班〕

水，贵也不贵

刘达凯

当我们走在大街上，身边总会有一些类似"请节约用水"之类的标语，可你了解过水吗？

整个地球三分陆地，七分海洋。海水含盐量高，人类无法饮用，可人类能饮用的淡水也只占水资源的百分之几而已，可能你会说，世界那么大，虽然只有百分之几但也够吧！可事实并非如此，在世界上已知的淡水范围内，有70%是被冰封在南极的，目前无法利用，所以真正可以供我们饮用的水资源只有那30%，而美国、加拿大、中国、刚果这些国家就占了将近60%，这无疑致使很多国家如阿拉伯、非洲一些国家一样严重缺水。

也有人问：不是有盐水淡化装置吗？那些缺水的国家要么在内陆，无海水，要么因缺水导致经济落后，无法大量生产或购买。现在，我问你个问题：你对水是什么态度？很多人对此都是不以为然，抱着无所谓的态度对待，而这种态度的产生，就是因为一件事——水不贵。水费大概是3元多一立方米，许多人认为不贵，因此，他就会认为：我又不是付不起，干吗还要这么节约？可他们不知道，水是生命之源，水费低是为了广大民众考虑的。你可能是个小经理，月入 7000 左右，所以你不会对此计较，但是，在一座城市中，也有那些收入较低的人如清洁工、回收员，他们拼死干活却只有微薄的工资，这对他们来说，何尝不是种福利呢？也有些富家子弟节约水，却被说成抠，可你知不知道，你现在所喝的水，就可能是他们辛辛苦苦节约下来的，你不坐享其成，还恩将仇报，你说，究竟谁该被批评？

都说一方水土养育一方人，这在我国西北部能很好地体现——城镇沿河流分布。这说明，人离不开水。人离不开水，可水却可以轻易地离开人，水污染、水浪费、工业污水等，无一不对水造成不可挽回的创伤。就像以前的罗布泊，曾经有古人类记载：罗布泊清澈见底，可见游鱼细石，还有古人作家乘船去罗布泊游览一番，都赞不绝口。可因 20 世纪 70 到 80 年代，人们改变河道去灌溉农业，导致河水无法注入罗布泊，致使下游干枯，连胡杨都因此枯萎。再看看现在的罗布泊，已经变成了一片戈壁，所以罗布泊又被称作"逝去的仙湖"，而这正是因为人类的破坏所造成的。都说滴水能把石穿透，一滴滴水珠蕴含如此强大的力量，那么，人类所浪费的水，能不能滴穿地球呢？

水，说贵又不贵，说不贵又贵，与其为此争论，不如从现在开始爱水、惜水。毕竟，上帝是公平的，人体的 70% 是水，你所污染的水，它最终，也会污染你。

〔南城阳光实验中学初二（5）班〕

水——生命之源

刘一涵

　　水是我们生存的源头，水与空气都是我们不可缺少的东西，离开它们，便像鱼儿离开了水，鸟儿离开了天空，我们一刻也生存不下去，但它们却常常被我们忽略。

　　我们的地球因为有水才美丽，才变得如此可爱。因为有水，花儿才会娇艳；因为有水，树木才能长得郁郁葱葱；因为有水，小草才能茁壮成长。人类的生存和发展也离不开水。水还是大自然的"空调器"，炎热的夏天，正当人们感到酷暑难耐时，来一场雨该有多痛快呀！走在黄河边，微风习习，酷热烦躁的情绪一扫而光；当寒冷的冬季到来时，河水把储存的热量源源不断地送给它周围的陆地……在日常生活中，我们还用水洗衣服、做饭、喂养牲畜……生活处处离不开水。然而，人类不合理利用水的事实却让人喟然长叹。

　　平时，我并不是那么节约用水，洗澡的时候，我总是拖拖拉拉的，在那里玩水。洗脸和洗手的时候，总是把水龙头拧到最大，装满一个盆子，任凭那水"哗啦啦"流淌；冬天洗脚时，我的那盆水又热又多，但我总是把脚泡一下就完事了，我的脑子里从来就没有要节约用水这个念头，根本就没想那么多。我还看过这样一则广告："电视画面上有一个水龙头，正在艰难地往外滴着水，滴水的速度越来越慢，最后水就枯竭了。然后画面上出现了一双眼睛，从眼中流出了一滴泪水。随之出现的是这样一句话：如果人类不珍惜水，那么我们能看到的最后一滴水将是我们自己的眼泪。所以我的妈妈见了我这么浪费水，决定让我去网上查查资料。

地球上的水资源虽然储量丰富，但可利用的淡水资源却很少。随着工业的发展，水污染成了一个严重的问题。河流周围的工厂将大量的废水不断地排向河里，原来清澈见底的河水如今变成乌黑乌黑的，上面泛着肮脏的泡沫和腐烂的水藻……气味十分难闻。这是多么可怕的一件事啊！就说我们周围的河流吧，那里原来的水清澈见底，平静得像一面镜子。但由于这几年人们乱丢垃圾，排放污水，现在的部分河流变成了臭水沟，每当路过时，行人们总要捂着鼻子走过，河里的水黑乎乎的，河岸边还有许多生活垃圾。虽然有些河流正在清理污水，但是，如果人们还不懂得珍惜生命之水，就算这些河流被清理多少次也是无济于事的。

以前的我不以为然，觉得浪不浪费水都无所谓，我们国家有的是水，什么长江、黄河，还有五大淡水湖以及各大水库，等等。想想过去，天是那样湛蓝，人是那样幸福，我们的家乡就像人人羡慕的桃花源。清澈的泉水从山谷中一泻而下，可爱的孩子们像小精灵般在水中嬉闹，小桥边，妇女们排成一行在搓衣服，好一幅"小桥流水"的和谐画面。谁料，原来清澈透底、甘甜爽口的河水转眼间暗无天日、臭不可闻。在水中嬉戏的小蝌蚪也没了踪迹，河岸边也看不到人们欢快的身影，听不到欢声笑语；周围也不再响起鸟儿、蛙儿演奏的交响曲，天空中"两只黄鹂鸣翠柳，一行白鹭上青天"也难见了。现在我终于明白了，能喝到一口纯净的水对我们有多重要了！

所以，我们要从身边的小事做起。让我们用心珍爱生命之水，不要随手乱丢垃圾，要合理排放污水。以节水为荣，随手关紧水龙头。只要我们时刻有着节水意识，一水多用，让洗菜、淘米、洗衣服、洗手后的水用来浇花、冲厕和擦地板……如果能长期坚持，养成良好的节水习惯，那么，每一个渺小的

"我"，就会为节约用水、保护水资源、保护人类的共同家园，做出应有的贡献！让地球的天空更蓝，草更绿，花更美，水更清……

〔塘厦镇中心小学五（4）班，指导老师：陆素珍〕

水——生命之源

张惠淇

世界上的一切事物没有一样是可以单独存在的，我们如果没有阳光、空气和水就无法生存，但我们却如白蚁侵蚀建筑的基底一般，以看不见的速度去污染我们赖以生存的必需品——水。

"野旷天低树，江清月近人""白毛浮绿水，红掌拨清波""楚水清若空，遥将碧海通"，这些优美的诗句不禁让人想到那清澈如明镜般的水，让人情不自禁地想去触摸它、融入它。可现在已很少有人去赞美水了，更别说用明镜去形容水了！或许，与现在的水污染有关。无论是江河湖海都带有不同程度的污染，甚至伴有恶臭，如此环境，人们更多的是捂着鼻子避而远之。

就拿我家后面的水沟来说吧，一到夏天，恶臭味就出来耀武扬威，我们也只能门窗紧闭。可隔着窗户也能够看见水面上漂浮着五彩斑斓的生活垃圾袋，一个个犹如吃撑的肚子一样满满当当。有时还可以看见许多染料从上游缓缓流过。可见许多人保护水资源的意识并没有那么深刻。我国仍有一半的城市缺水，但与此同时，全国污水废水排放量每年都超过 570 亿立方米，水体污染现状触目惊心。

万物本就息息相关，相互依存。我们施加在水上的废物，终会以另一种方式还给自己，甚至是加倍还给我们。今年 6 月 19 日，宁波市海洋环境监测中心在渔山列岛至檀头山海域发现含短裸甲藻（含神经性贝毒）和具刺膝沟藻（无毒）的赤潮，面积约 380 平方公里。

渔山海域已是外海，这里的海水原本清澈湛蓝，但现在有了明显的变化，一大团一大团的黑褐色海水分布在汪洋大海中。

什么原因造成了现在触目惊心的现状？人们自身环保意识薄弱，行为不当？政府监督不到位？解决措施不当？

对此，我认为在实行阶梯式收费的同时相关部门可以将水的价格提高，将污水处理的费用一起算入水的单价中，或许，这可以有效控制居民的用水量，也可以提高居民的环保意识。在这方面我们可以参考瑞士，虽不是关于处理水污染的措施，但我认为有异曲同工之处。

瑞士的垃圾处理可以说是世界最好的，甚至单单《垃圾政策说明书》就厚达 108 页，说明他们的制度足够完善，我国关于处理破坏水体的相关法律也应更完善。在瑞士如果被发现有乱用垃圾袋的行为，就要罚款 150 瑞郎，打击力度很强。相比之下，我国对于偷排、乱排污水行为的监管力度远远还不够，这种现象如野草一般烧不尽，一旦放松打击力度就犹如雨后春笋一般频频冒出，因此需要我们不断去完善制度。

在制度完善的同时我们也要提高人们用水的效益，与其相辅相成。例如，发明利用太阳能将空气中的水蒸气储存起来的装置，到一定时候进行小范围的降水或洒水，以达到降温的效果，若在马路边上，还可以防止尘土飞扬。利用太阳能如此反复，这样既不浪费其他能源，还循环利用水资源。

最后，身为中学生的我们可以走出校园，也可以走进大街小巷去宣传环保意识，主动去寻找节约用水的新方法，去带动更多的人节约用水，尽已所能，奉献点滴。

春江水暖，柳岸堆烟。只要我们坚守保护水资源，无论时间长短，终会成功。世间万物，无须修饰，唯清素简洁，方不失韵味，多留一些洁净给后来者。

〔东莞市大岭山中学高一（1）班〕

太姥姥与水塘

许　恬

一声尖叫传来，我猛地从噩梦中惊醒，看着房间里熟悉的布置，揉了揉惺忪的眼睛，看着窗外的水塘，与梦中的一样污黑混浊，叹了一口气，回忆着……

我叫许丝丝，从小就生活在宁静、美丽的桃林镇，这里的一草一木我都是那么熟悉，这里的一孩一童我都能与之玩耍嬉戏。而我们最喜欢去的地方，便是门前的水塘。

也不知道为什么，最喜欢的就是那儿。或许是因为水塘清澈见底；或许是因为夏天能纵身一跃跳进水塘，痛痛快快地游个泳，享受着那份清凉；或许是小伙伴们经常围着水塘追逐，奔跑；或许是就坐在水塘边，围成一个大圈，或拿着石子比赛谁"漂"得远，或悄声说着彼此的小秘密。我童年的美好时光，几乎都是在水塘边度过的。

随着经济的发展，镇上的工厂越来越多，一切都变了样。工厂飘出的浓烟越来越多，产生的工业废水、废物也越来越多，工厂的领导们没有想办法去净化废气、废水、废物，而是打起了水塘的主意。

让我特别记忆犹新的是那一天傍晚，我正和朋友们相约来到水塘边，远远就见一辆大货车开来，几个男人穿着工作服从车上下来，从货车上卸下一桶桶污黑混浊散发出恶臭的东西，径直走近水塘，将这些东西一一倒了进去……足足倒了十几桶。

等他们走后，我们才敢走近，还没靠近便闻到了一阵恶臭，直令人窒息。往水塘里一看：昔日清澈见底的水塘一下变得污黑，泛着污浊的泡泡，邻居在里面养的鱼，有好几条已经翻起了白肚皮，水塘被彻底毁了。

我立马冲回家中，告诉大人们水塘被毁的事情，可谁知，大人们也是一副无可奈何的样子。我很无奈，也很伤心。

第二天一早，我走出房门，走近水塘，却发现水塘里的水不仅是黑色的，水面上还七七八八地漂浮着许多垃圾，有剩饭剩菜、纸巾、塑料盒……甚至连吃剩的西瓜皮都有。

看着昔日清澈美丽的水塘变成这副模样，我鼻子一酸，忍不住号啕大哭起来，但就算我哭了又能怎样，水塘又不会变回去。于是，小小的我擦干了眼泪，在心里默默地给水塘许下一个承诺：总有一天，我一定会把你变回从前的模样。

长大后，在我的不懈努力下，终于请来了县里的排污机构，排污机构不仅严格要求工厂从现在开始不准将废水、废物直接排入水塘，一经查处，重罚！而且对水塘的污水进行净化处理。于是，水塘在一天天变干净、美丽……

奶奶轻声叹息，结束了太姥姥的有关水塘的故事，无比惋惜地说："可惜啊！你太姥姥没有亲眼看到水塘变干净便'走'了，她临终前还一直嘱咐我们，一定要倾其所有让水塘回到从前的模样，唉……"

我沉思了，把视线投向了小屋外。

那里有一口水塘，清澈见底，在阳光的照耀下泛着粼粼波光……

〔东莞中学松山湖学校初一（12）班〕

287

同沙水意

黄欣欣

莞地多水。

弯曲纵横、相交错杂的河道，构成了我记忆中最柔情的经纬。流水恬静，漫过心中交织似画的河床，漫过童年黄昏时的天空，点染遥远的暮灯。

水是惹人怜爱的婴儿。

晚春的岸，蒙着一层碧色的轻云，那是一排依依柔柳，如一位位娉婷少女，身穿浅绿的纱质襦裙，在同样碧绿的水边款款而立。如丝轻盈的柳枝时不时拨弄红木倚栏，竟似生生把几滴青绿遗落在了木栏上，红和绿在水汽中迷失了界线。

好一幅"春风拂槛露华浓"的画卷。

这时的水，便与平常不同，娇了，嫩了，像是初生的婴儿，又不似早春时般料峭，又不似炎夏时那般热烈，便是一种"恰"到好处的柔软。干净、新鲜，和岸边的杨柳险些模糊了色调。

或许是因为这样的美，我便总是喜欢往同沙水库跑。

条条小径，并没有遗世幽深的孤意，不多不少的人，或许只是胖乎乎、带着微笑的阿姨；或许又是装备齐全、意气风发的年轻人；再或许是天真无邪、大笑大闹的小孩子。跑步、徜徉、游玩，各有各的速度，又各有各的笑脸。

走在被水浸润的树林间，绿道的一侧，可看见比天空更温润的湖泊，披染着岸边青翠的枝叶和对岸遮掩下的小径。如画。

那时的水，是端庄的、娴雅的，绰约如处子。所有的绿意，都只是给它做衬的点翠簪，最不张扬的水色，却总是能在瞬间夺去所有眼球，使人惊叹于它的沉静。

夏天的水，却又并不过于狂热。

那时水像是活泼秀美的采莲姑娘，层层叠叠的荷叶是争先恐后绽开的小伞，把清澈的湖水挡了个严严实实，像是娇羞的姑娘遮住了她水灵灵的眼睛。

这样的水少了天空浓郁的蓝，却是更加蓝得干净了，少了浓妆艳抹的做派，多了清亮潇洒的自然，映得水底各色的锦鲤飘忽如多彩的烟云，仿佛是在梦境中遨游。

这样独特而有生命力的水，我们怎能不好好守护它的清明呢！

〔东莞中学南城学校初二（4）班，指导老师：刘枫〕

与众不同的旅行

魏子淇

大家好呀！我是一滴来自东莞的小水珠！我长得可爱极了！我有一个晶莹剔透的身体，一个粉嘟嘟的小脸蛋！还有，还有，我最爱旅行了！可是，这一路上我却和我的伙伴们遭到了噩运。

清晨，我闻着芬芳扑鼻的桂花香从睡梦中清醒过来。洗漱完毕后，我便背起我的"万能旅行包"走进"时光门"。此时此刻，我来到了一个枝繁叶茂、绿树成荫的森林里。然而我现在的处境却非常危险——我正在袋鼠家的屋檐顶上。忽然一阵狂风呼啸而过，把我吹到了袋鼠家的洗手间里。

"砰！砰！砰！"一长串的跳跃声传进了我的耳朵里，这巨响真是惊天动地！门被打开了，原来是小袋鼠奇奇。奇奇因为玩了一手的泥巴，所以要来洗手间洗手。我终于弄明白是怎么一回事儿了。"哗啦！哗啦！"这是伙伴们从水龙头里争先恐后出来的声音。洗完手后，奇奇看着自己的小手又变得干干净净了，它开心极了。

可是在奇奇关水龙头的时候，它却没拧紧水龙头，这让水龙头一直在滴水。我生气极了！立刻滚到了奇奇的耳边对它语重心长地说："奇奇，水龙头的水还在哗啦哗啦地流着呢！快去把水龙头拧紧吧，不然会浪费水资源的！"

可是奇奇的回答却令我出乎意料："哼！就那么点水，怕什么呀！"我立刻被气得火冒三丈，但我还是努力让自己静下心来，心平气和地对奇奇说："奇奇，你这么说就有点让我失望了，每滴水都是珍贵的，而每滴水的生命更是值得被人珍惜的！所以我们一定要好好珍惜每滴水，不要再让它流失了。"奇奇听了我的劝告终于被打动了，它又跳了回去再次把水龙头拧紧，并且还检查了三遍才放心地离去。此时我有点为自己感到骄傲，因为我拯救了千万个伙伴的性命！

下午，烈日炎炎。太阳公公都快把土地爷爷的皮肤烤龟裂了，也快把我晒干了。不过，幸好老天有眼，在五点整的时候来了一场大暴雨，豆大的雨水便从天而降，倾盆大雨说来就来。我也同时顺着雨水溜进了下水道里，这下水道里可真是热火朝天啊！伙伴们有的在跳舞狂欢，有的在高歌一曲，还有的在那聊天。可是，还没过多久我就与伙伴们分开了。因为下水道里太黑了，我就像一只无头苍蝇一样在下水道里横冲直撞，撞着撞着我就来到了地鼠的家里。

此时，我费了九牛二虎之力才奋力地从下水道里钻了出来。而我却被眼前的景象惊呆了。我钻出来的地方是地鼠家的厨房，这里简直可以用"乱七八糟"这个成语来形容。地上铺满了烂菜叶，桌上摆满了餐具，而且都是随便乱放的，冰箱也是打开的，这可多浪费电啊！而令我十分奇怪的是，为什么在厨房里做饭的不是地鼠妈妈，而是小地鼠云朵呢？等我询问了一下情况才知道：原来今天是地鼠爸爸和地鼠妈妈的结婚纪念日，云朵为了帮爸爸妈妈庆祝，准备亲手为爸爸妈妈做一顿晚饭，可还没开始行动，这厨房已经变得一团糟了，水龙头还哗哗地流着水呢。这会儿，云朵正在洗米呢！当云朵洗完第一遍后，要把水倒掉时，我顾不得地上的烂菜叶，直接以百米冲刺的速度来到了云朵的耳边，阻止它说："云朵！云朵！快停下来！洗米水就被你这么倒掉了，你不觉得很可惜吗？这洗米水可是用处多多的啊！它不仅可以用来美容，还可以用来浇花、洗菜呢！"话音刚落，云朵便一言不发行动起来了。虽然它的动作不是特别快，但是它已经用自己最大的努力去完成这项任务了，这也值得赞扬！

看着云朵的背影，我突然感到很欣慰，因为它懂得了节约用水。离开了地鼠家后，我把"万能旅行包"打开钻了进去，瞬间我又回到了我那美满和谐的家里，继续过着丰衣足食的生活。这一次的旅行也画上了圆满的句号。

这可真是一次与众不同的旅行啊！

（茶山镇第三小学504班，指导老师：黄金生）

水之声

王　滢

　　当你，看见它们飞快地流失，无影无踪；当你，听见它们清脆地滴落，稍纵即逝；当你，闻见它们清纯的暗香，淡雅如兰。这时候，你会想起什么呢？

　　没错！它，就是我们生活中不可或缺的珍贵物——水！对我们而言，水就是我们的生命、我们最亲密的朋友。你可能会觉得它随处可见，再普通不过。但，它却与我们息息相关。它就像空气，存在的时候，我们却肆意浪费，消失的时候，却让我们无所适从。在我们身边，有多少人是在节约用水？又有多少人是在浪费水呢？有时候难过地发现，浪费水源的比保护水源的人还要多……

　　我曾亲眼看见过浪费水源的现象：那天，和家人一起出去吃饭。我去厕所时，看见有几个小女孩正在洗手，边洗边玩，一直到她们离开，水龙头一直都没有关上，任由它哗哗地哭着！我亲眼看着一大片透明的水就这么白白地流入了下水道，它们甚至都还没有被用过。我仿佛听到了它们悲伤地哀号着，又一群可爱的小精灵消失了。这一幕深深地刺痛了我的心！如果说，她们还小，不懂事，还可以原谅，但是她们的妈妈当时就在她们身边！但却依然没有及时关上水龙头。我能说什么呢？在我准备走过去关上它的时候，有一位清洁工阿姨先我一步走过去，轻轻地关上了水龙头，脸上露出了舒心的笑容。那一瞬间，我仿佛看见了水珠们欢快地跳起了舞；那一瞬间，我的心被深深地撞击了一下，一种难以言语的感动弥漫在空气中。

生活中，类似现象不断地重演：人们总是在洗手时，把水龙头开得大大的，在家里，人们总是把洗米、洗菜的水直接倒掉，但是，你可曾设想过，这些水还可以再利用呢？这些看似不可再利用的水，其实，可以拿去冲马桶，可以拿去浇花、种菜……这些事或许看上去是毫不起眼的，但是我们有没有想过，假若大家都这么去做了，就等于给世界万物节省了不少的水资源呢！

世界万物的生存离不开水，水是世界万物之母，可是水资源并不是无限的，生活中如果没有了水，人们将无法生存，动植物也会因此而遭殃，地球将变得了无生机、死气沉沉……所以，我们从现在开始要节约用水，这样，我们世世代代的生活才会有保障，才会更幸福。

"滴答，滴答!"当再次听到这些清脆的声音响起时，我不禁抬头望去。啊！我看见了小朋友在用洗手的水浇花呢！那花儿扭着欢乐的秧歌在道谢呢！你看，花儿们笑得可欢啦！此时的我，心中也绽放朵朵花儿！

"滴答，滴答!"这是在我耳边久久回响的声音，移神动性，入耳牵心，它正是生命之源——水的声音，那么美妙，那么动听！我多么期待，期待有一天这样美妙动听的声音飞舞在世界的每一个角落……

〔东莞市长安镇实验小学五（4）班〕

我与水的故事

罗媛心

"美不美，故乡水；亲不亲，故乡人……"从我记事以来，故乡的水似乎就和我的血液交融，缓缓地流进了我的心房。对我而言，故乡的水总是让我难以忘怀，让我想起遥远的故乡，想起童年的天真岁月……

在我很小的时候，爸爸就与我说起故乡的水。故乡是一个很偏僻的小山村，小时候，故乡很穷，由于地里挖不出水，村里连一口井也没有，每天人们都要走几里路，翻过一座山，去山那边一个很远的池塘去打水。池塘的水很混浊，并散发出水草的臭味。全村人喝的就是这浑黄的水。一到干旱季节，连这个小池塘的水也干了，村里人又要想办法到更远的地方去寻找水源。黄昏时，老人、小孩子们都挑着大大小小的桶来这个池塘挑水，小路上都洒满了桶上漏出来的水；一到下雨天，全村人又都拿着自家花花绿绿的水桶、盆子放在屋檐下面接从屋顶的瓦上流下来的雨水，桶里的水混着瓦上的杂质，但村子里人望着这一桶桶的水，还是满脸洋溢着喜悦，因为他们可以免去顶着烈日艰难挑水了。把这些天恩赐的雨水一桶一桶地倒进水缸里，缸子底下全是泥土和沙子。全家人都只用一点点水来洗脸和刷牙，全家老小都共用这一盆水来洗脸，水这么珍贵，谁也舍不得倒掉！因为这些水还要留着洗锅子。

这样的日子过了一年又一年，不知不觉，村子里开始有了许多变化。村子里回来的人渐渐多了起来，生活也开始改善了。不知哪一天，村支书突然对大伙说，村子要接自来水管了，这一下，村子马上沸腾起来了，人们奔走相告。很多在外地打工的人也赶回来安装水管了。终于有一天，自来水终于接通了，村里人泪汪汪地望着这水龙头里哗哗流出的水，还是不肯相信，这干净的水流进了人们的心田，祖祖辈辈靠挑水吃的日子终于结束了。自从有了水，村里人也从来没敢去浪费一滴水，依旧过着平凡的日子。

我的思绪又不由得飘回到眼前，我想起了自己前几天为了让自己凉快，弄得满屋都是水，不知道的人还以为是家里涨水了呢；有时洗完脸，忘了关水龙头，让水哗哗流了一个上午……想起镇子旁边的一条小河，河岸上全是人们扔的生活垃圾，由于污染，死鱼浮在水面上，小河臭气熏天……我们为什么不能珍惜和保护这宝贵的水资源呢？

于是，我给附近的小区贴上了"节约用水，珍惜水资源"的标语。在家里，淘米水被用来洗菜、浇花；洗衣服的水被用来拖地板，看着五颜六色的鲜花、干净的地板，我开心地笑了。是啊，如果全世界的人都能以身作则，爱惜赖以生存的水资源，这个地球不就会变得更美好吗？

水，如同一位慈祥的母亲，用它的无私滋润着大地，养育着地球上的每一个生命。请人类节约用水，爱惜水资源吧！

〔厚街镇新塘小学六（1）班，指导老师：王晓明〕

想而知，这个巨大的数目让人难以估算。

记得一次假期里，我与母亲一同前往远方旅游。在那里，我们受益匪浅。

母亲与我一同乘坐着"和谐号"来到了一个陌生的城市。刚下车，由于我的肚子一直发出"咕咕咕咕"的声音，母亲知道我肚子饿了。随后，母亲打开手机搜索了附近有什么酒店，就近原则。之后，我们就打车前往酒店。在前往酒店的路途中，我看着车窗外的风景，不由得赞叹了一句："真美啊！"

路途是短暂的，很快我们就到了酒店的大门前。母亲拿出钱包付车费，我就推开车门，慢慢跨出车。"啊！终于到酒店了！终于有吃的了！"我对着酒店大门笑笑说。

不知为什么，就在这时，一股很刺鼻的臭味扑鼻而来。我问母亲。母亲看着我说道："这个嘛——"看到母亲一脸茫然的神情，我就不再问下去了。由于好奇心，我牵着母亲的手，在酒店附近走了一圈，看看到底是什么原因导致这么臭的。我们四处走，突然发现了一家大型的工厂。工厂就在酒店的背面不远处。在远处看，工厂的表面很显威严，两座石狮像屹立在工厂门口的两侧；近看，你会发现工厂的装饰十分有趣味以及艺术感。大量的铁丝围着四周，铁丝上挂满了五颜六色、形状不一的花！美极了！但是如果你仔细地闻闻花的味道，你会闻到一阵独特的花香味，唉，棒极了！可这远远是不够的，因为花不仅仅有花香味，更带着一种特别难闻的臭味。我对着母亲说："妈，臭味可能是从工厂里传出来的！"母亲摇了摇头，说道："可能是吧！唉，浪费了这么美丽的一景啊！"

恰恰在那一刻，突然有一个路人用手捂着鼻子和嘴巴经过。我大声呼唤，路人才停止脚步。我赶了上去，问路人："先生，您好！我可以问你一个问题吗？"路人点了点头。我问道，"先生，为什么这里会这么臭的？"先生十分激动地指着工厂说："工厂后面有一条河流，由于工厂的偷、乱排而导致今天这个样子……"路人一五一十把事情的来龙去脉说了一遍。最后，我与母亲终于知道了事情的真相，原来一切的罪魁祸首还是工厂！工厂为了自己的利益，牺牲了这美好的环境，以及污染了原本清澈透底的河流，对此，我感到十分愤怒！

地球上的水资源虽然储量十分丰富，但可利用的淡水资源很少。随着工业的发展，水污染成为一个很严重的问题，河流周围的工厂将大量的废水不断地排向河里，原来清澈见底的河水如今变成乌黑乌黑的，上面泛着肮脏的泡沫和腐烂的水藻……气味十分难闻。这是多么可怕的一件事啊！

想想过去，天是那样湛蓝，人是那样幸福。清澈的泉水从山谷中一泻而下，可爱的孩子们像小精灵般在水中嬉闹，小桥边，妇女们排成一行在搓衣服，好一幅"小桥流水"的和谐画面。谁料，原来清澈透底、甘甜爽口的河水转眼间暗无天日、臭不可闻。在水中嬉戏的小蝌蚪也没了踪迹，河岸边也看不到人们欢快的身影，听不到欢声笑语；周围也不再响起鸟儿、蛙儿演奏的交响曲，天空中"两只黄鹂鸣翠柳，一行白鹭上青天"也难见了。

通过这次的旅游，我受益匪浅。人们总以为世界上的水资源很多，就不顾一切地，为了自己的利益而去破坏、污染水资源。那，最终的受害者是谁？还是我们啊！

所以，为了我们的共同家园，为了我们的将来以及子孙后代，我们要从身边的小事做起。让我们用心珍爱生命之水，不要随手乱丢垃圾，合理排放污水。以节水为荣，随手关紧水龙头。只要我们时刻有着节水意识，一水多用，让洗菜、淘米、洗衣服、洗手后的水用来浇花、冲厕和擦地板……如果能长期坚持，养成良好的节水习惯，那么，每一个渺小的"我"，就能为节约用水，保护水资源，保护人类的共同家园，做出应有的贡献！

珍惜水就是珍爱生命。有了每个人对水的珍惜，才可能有人类社会的生生不息；有了每个人对生命的珍爱，人类才能有幸福美好的家园。

水，是生命之本，亦是生命之源。世界万物处处都需要水，倘若没有了水，那万物将如何生存？

我猜，倘若没有了水，万物的存活率也会降低了！

水是万物之需，惜水以人为本，人的生命需要水来保证，水的生命需要人来保护，让我们从自己做起，珍惜水资源，保护环境，让世界变得更加美好吧！

〔东莞市第五高级中学高一（8）班，指导老师：王瑛〕

拯救生命的天使

邬嘉琪

有一种东西，它透明而又清澈。它能滋润万物，能灌溉田野，能给生命添加养料。它，便是我们必不可少的水。

水，我们随处可见。生活中需要水，浇花需要水，洗手需要水，洗菜洗澡也需要水。

如果没有了水，大地上的万物会怎样？

如果没有了水，植物便褪去往日的光彩，黯然无光，缺少了往日的葱绿。

如果没有了水，人类将会灭亡。没有水洗澡，也没有水洗菜淘米，更没有水解除干渴。这样下去，人类终将走上灭亡之路。

在学校，总能看见同学们把水开得"哗啦哗啦"直流，用完水后，不关水龙头直接走了。还有的同学，用学校的饮水机来洗手、洗抹布等，从不用自来水，大肆浪费水资源。

在生活中，有的人总是一边刷牙一边开着水龙头，让水白白浪费；洗碗时将水开得很大，"哗啦"直流，淘完米的水、洗完菜的水随手便倒。

人们都不知道，他们小小的一个举动浪费了最宝贵的资源——水。

你知道吗？巴西、俄罗斯、加拿大、中国、美国、印度尼西亚、印度、哥伦比亚和刚果等九个国家的淡水资源占了世界淡水资源的60%，剩下的其他国家只有40%可用，淡水资源严重不足。

在我们生活的地球上共有13.86亿立方千米的水体，从理论上说是不少的。但以上水体中97.47%是咸水，即海水，不便利用。淡水只占2.53%，约0.35亿立方千米，而在这部分淡水中，又有68.69%分布在南极洲和格陵兰岛上的大陆冰川，人们一时还难以利用。实际上真正可供人类利用的河水、淡水湖泊水以及浅层地下水，储量约占全球淡水总储量的0.3%，只占全球总储水量的十万分之七。

我国幅员辽阔，水资源总量也较为丰富，达28000亿立方米，居世界第6位，但由于人口过多，人均水资源很少，只相当于世界人均的1/4，人均占有量占世界第88位。到1995年，我国600多个城市中，约有一半处于缺水状态，严重缺水的城市达110多个，日缺水量达1600万立方米，年缺水量近60亿立方米。农村有5600万人口饮水问题没有解决，3000万头牲畜饮水困难，8.3亿亩耕地是没有灌溉设施的靠天种粮田，14亿亩草原严重缺水。位于山东省的东营市、滨州市和胜利油田，供水空前紧张，油田只能"以水定产"，因此，保护水资源已成为刻不容缓的当务之急。严酷的事实证明了20年前"联合国世界水大会"的断言："水，不久将成为一个深刻的社会危机，世界上石油危机之后的下一个危机，就是水资源危机。"

所以，我们要从小做起，从小事做起——节约水源，珍惜水源！

在学校用水时，可尽量地把水龙头调小，缩短用水时间，用完后必须关上水龙头。

在生活中，要充分利用水。洗完米和菜的水可用来冲厕所、拖地、浇花、擦桌子等。刷牙时可将水用口杯接好后关上水龙头；洗澡等用水时缩短水的使用时间；用完水随手关上水龙头。

人的生命中，70%来自水，可以想象，水对人有多么重要！人的一生不能缺少水，缺少了水，人类将会灭亡，水是拯救生命的天使！

水对人的生命活动如此重要！我们要珍惜每一滴来之不易的水，节约水资源。

啊！水，多么宝贵的水！拯救生命的天使！

（东莞市可园中学初一）

节约水，创造美

罗梓仁

　　人们常说，地球是人类的母亲，是地球上万物的母亲，而地球的母亲，是平凡而珍贵的水。的确，因为有了水，大地才会生机勃勃；因为有了水，山川才会如诗如画；因为有了水，生物才会安居乐业……

　　水乃生命之本，任何生物都离不开水，因此，水在地球上占据着最高地位。正如鲁迅先生所说："一滴水将与一滴血等价。"别看水占据着地球大部分表面积，可实际上，真正让我们人类、动植物赖以生存的淡水又有多少呢？据统计，水占地球表面积的3/4，而地球上可直接利用的淡水，却不足总水量的1%。你看，我们现在所用的每一滴水都是珍贵至极的。

　　因为淡水的稀少，世界各国都发出了"珍惜水资源"的号召，人们也开始意识到水的宝贵，纷纷开始节约用水，许多家庭把每一滴水都发挥到极致。但是，还是有许多挥霍无度的人，把我们少有的水看作"取之不尽，用之不竭"，不是污染它，就是滥用它，把它视若可有可无的玩具。

　　记得一次我在洗手池边，便发现了这样的"浪费事件"。那次，我刚想洗手，就看见两个男生在用水嬉闹，你泼我、我泼你，玩得不亦乐乎。他们把水龙头开到最大，伴着"哗哗"的水声，你溅我一身水，我也不甘示弱地溅回去，衣服已经湿透了，水龙头也在号啕大哭，可他们却视而不见，继续着浪费行为。我看不过去，冲上去把水龙头拧紧了，并劝告他们不要为了自己一时痛快而浪费我国本就缺少的水，可他们倒好，边走还边不甘心地说我多管闲事，气得我直跺脚。

不仅是不懂事的小孩，连一向成熟稳重的大人们也毫不在意地浪费着许多地区的人盼也盼不来的水，他们的行为着实可耻。试想一下，如果将来有一天地球真的没有水供他们喝了，他们会为自己当初的行为感到后悔吗？我们声称不再让地球母亲流泪，可我们的行为却让地球母亲流到再也流不出泪了。我们自寻死路不要紧，但我们为什么要破坏所有生物都离不开的水源，拉上其他无辜的生物为我们可耻的行为负责呢？这真是一种自私自利的行为。

俗话说："民以食为天，食以水为先。"我们应该从现在开始，珍惜水资源，用行动去改变地球母亲痛苦的现况，打破人类将把自己灭绝的预言，为了其他生物、为了他人、为了自己，不轻易把水浪费在玩闹和个人利益中。让我们付诸行动，给子孙后代一个美好的家园，让地球有一个美好的明天！

（石龙镇中心小学西湖学校 602 班，指导老师：陈玉英）